外骨骼机器人控制原理与设计

蒋磊 著

U0377813

清华大学出版社

北京

内 容 简 介

外骨骼机器人在单兵军事作战装备、医疗康复、救灾救援、公共安全、教育娱乐、重大科学研究等方面都有重要应用。在我国劳动力成本快速上涨,人口老龄化问题日益严重的形势下,外骨骼机器人发展的潜力巨大。本书在分析外骨骼机器人国内外研发现状的基础上,以中风患者的康复训练外骨骼机器人、下肢助力外骨骼机器人为例,重点介绍外骨骼康复训练机器人的机械设计、驱动方式与控制策略。介绍针对外骨骼机器人驱动器的自适应鲁棒控制的交叉耦合同步控制策略。同时介绍如何将深度学习技术融入外骨骼机器人操作者的行为动态分析中,提高外骨骼机器人的随动控制效率和准确率。

本书可以作为外骨骼机器人设计与开发等相关技术人员的参考书,对外骨骼机器人有兴趣的读者也可以从本书中得到启迪。

图书在版编目(CIP)数据

外骨骼机器人控制原理与设计/蒋磊著. —北京:清华大学出版社,2022.1(2024.3重印)
ISBN 978-7-302-55829-3

Ⅰ.①外⋯ Ⅱ.①蒋⋯ Ⅲ.①仿生机器人－设计 Ⅳ.①TP242

中国版本图书馆 CIP 数据核字(2020)第 103101 号

责任编辑:袁勤勇
封面设计:傅瑞学
责任校对:李建庄
责任印制:曹婉颖

出版发行:清华大学出版社
  网 址:https://www.tup.com.cn,https://www.wqxuetang.com
  地 址:北京清华大学学研大厦 A 座   邮 编:100084
  社 总 机:010-83470000   邮 购:010-62786544
  投稿与读者服务:010-62776969,c-service@tup.tsinghua.edu.cn
  质量反馈:010-62772015,zhiliang@tup.tsinghua.edu.cn
  课件下载:https://www.tup.com.cn,010-83470236
印 装 者:北京同文印刷有限责任公司
经 销:全国新华书店
开 本:185mm×230mm 印 张:10.25   字 数:176 千字
版 次:2022 年 1 月第 1 版   印 次:2024 年 3 月第 4 次印刷
定 价:46.00 元

产品编号:088621-01

前　言

随着机器人技术的快速发展,机器人已经深入人类生活的各个领域。机器人可以承担复杂多样的任务,代替或协助人类完成各项工作,大大提高了生产效率。外骨骼的概念来源于节肢动物为保护和支撑身体、帮助行动的坚硬外部结构。而人类则能通过机械传动和控制系统仿生出机械外骨骼,让人跑得更快、跳得更高、负重更多。机械外骨骼既能够帮助行动不便的人提高行动能力,也可以让正常人拥有更强的力量与更快的速度,完成更加困难的战斗或工业生产任务。

可穿戴型外骨骼机器人可以增强个人在完成特定任务时的能力,外骨骼机器人和操纵者组成的人机一体化系统具有更好的环境适应能力。未来的外骨骼机器人能够应用在单兵军事作战装备、医疗康复、救灾救援、公共安全、教育娱乐、重大科学研究等方面。随着我国劳动力成本快速上涨、人口红利逐渐消失,未来人体的机能需要不断提升,甚至要远远超越自身极限,外骨骼机器人发展潜力巨大。

在世界范围内,中风是造成神经永久性损伤的首要原因,其致死率排在心脏病和癌症之后,是目前造成人类死亡的第三大疾病。每年全世界约有 1500 万人新患中风,其中三分之一的患者因此失去生命。随着我国社会经济的发展与科技水平的提高,人们对于中风患者中风后的医疗质量寄予了更高的期望。中风患者更是希望通过中风后的康复治疗,恢复部分肢体功能,早日重新回归社会,重新拥有正常的生活与工作。目前我国中风患者的康复训练基本依靠治疗医师的帮助,但现有的医师数量与中风患者的数量比例极度失衡,昂贵的康复训练费用也使很多患者的治疗无法保证。科技的发展以及全社会不断加大对中风患者的关注,推动了康复训练外骨骼机器人的出现,这在很大程度上帮助中风患者解决上述问题。

本书将详细分析外骨骼机器人的国内外研究现状,重点介绍外骨骼训练机器人的机械设计、驱动方式与控制策略,提出以中风康复训练为核心的外骨骼机器人设计方法。

　　介绍一种新型的扭绳驱动方式,这种驱动方式能量消耗少、易于控制、响应速度快并且可将驱动器放置在远离上肢外骨骼康复训练机器人驱动关节的位置,从而减少穿戴康复机器人的患者的负担。本书在介绍扭绳驱动方式机制的基础上,将着重分析扭绳驱动方式的理论模型,对扭绳驱动理论模型的正确性和稳定性进行实验验证。结合具体的实验数据深入分析扭绳驱动方式的重复使用性、迟滞性、自我缠绕以及在不同配置下扭绳所具有不同的运动特性等问题。本书将阐述针对扭绳驱动装置的非线性自适应鲁棒控制器的设计原理,通过理论分析和实验证明自适应鲁棒控制器在控制扭绳驱动关节转动的过程中具有良好的瞬态和稳态性能。本书将根据人体下肢生理结构与运动机理,对行走步态进行分析与周期划分,设计开发行走步态数据采集系统,最后建立下肢外骨骼步态预测模型(SAE-LSTM),用于提高外骨骼机器人的随动控制效率和准确率。

　　由于作者的学识与研究水平有限,研究领域与视角不够宽阔,书中一定有很多不尽如人意的地方,敬请相关专家和读者指正。

作　者
2021 年 10 月

目　录

第 1 章
绪　　论

1959 年,科幻小说作家罗伯特·海因莱因在他的著名科幻小说《星船伞兵》中,提出了"动力装甲"这一科幻概念,后来成了机械外骨骼的雏形。外骨骼的概念来源于节肢动物为保护和支撑身体、帮助行动的坚硬外部结构。而人类则能通过机械传动和控制系统仿生出机械外骨骼,让人们跑得更快、跳得更高、负重更多。机械外骨骼既能够帮助行动不便的人提高行动能力,也可以让正常人拥有更强的力量与更快的速度,完成更加困难的战斗或工业生产任务。

1.1　外骨骼机器人研究意义

随着机器人技术的快速发展,机器人已经深入人类生活的各个领域。机器人可以承担复杂多样的任务,代替或协助人类完成各项工作,大大提高了生产效率。《中国制造2025》[1-3]中提到以机器人作为重点发展领域的总体布局,将促进我国机器人产业快速健康可持续发展。大力发展机器人产业,对于打造中国制造新优势,推动工业转型升级,加快制造强国建设,提高人民生活水平具有重要意义。作为机器人的重要分支,外骨骼机器人利用机器来增强人类的肌肉力量与感知能力,并保留人类行动的灵活性。外骨骼机器人是结合外骨骼仿生技术、信息控制技术、生物运动学、机器人学、信息科学、人工智能等学科的一种可穿戴智能装置。随着工业机器人的高效性、稳定性、精准性逐渐被认可,工业机器人的经济性愈发凸显,对体力劳动者的替代作用也在日渐显现。工业机器人在行业内的经济替代效应拐点已经出现,并在 2013 年、2014 年呈现了爆发式的增长态势。预计到 2025 年,我国制造业重点领域将全面实现智能化,其中的关键岗位将由机器人"上岗"。

尽管工业机器人应用领域逐渐扩大,但是由于工业自动机器人技术门槛高、价格昂贵、机动性差,缺乏类似人类手臂肌肉控制的灵活性和柔顺性,不能胜任精细化、非标准化的操作（如图1.1所示），因此人力依旧是我国工业制造中不可或缺的生产力来源。然而我国实际劳动力的供给形势相当严峻，工业制造业、装卸搬运业、采矿业、仓储业和建筑业等重体力劳动行业近年从业人员总数在持续减少。在从业人数下降的同时，从业群体高龄化现象也逐渐浮现，高龄工人在体能上很难适应高速运转的生产环境和需求，由于长期重复劳动所造成的职业病也降低了工人的生产效率。

图1.1　工业生产中的精细化、非标准化的操作

随着我国劳动力成本快速上涨、人口红利逐渐消失，未来人体的机能需要不断提升，甚至要远远超越自身极限，外骨骼机器人作为结合生物运动学、机器人学、信息科学、人工智能等学科的一种可穿戴智能装置，其社会发展潜力巨大[4]。

1.2　外骨骼机器人研究现状

早期的外骨骼机器人以液压驱动为主，主要应用于军事领域。外骨骼机器人的出现，是为了满足军方训练士兵的需要。现阶段，西方发达国家主要从民用和医疗领域入手，研究外骨骼机器人在医疗康复、残疾人助力、灾害现场救援等方面的多种用途。以ReWalk为代表的公司尝试了外骨骼机器人在医疗领域的应用，且获得了资本市场认可。

长久以来，人们一直想利用机械结构增大人体的力量，进而在执行层面上扩展人类的能力。从20世纪60年代起，美国和南斯拉夫的多个研究机构开始对助力外骨骼装置进行研究。但是,二者的研究重点并不相同,美国的研究人员侧重于研究一套能力增强装置来提高正常人的负荷能力,主要用于军事领域。而南斯拉夫的研究人员侧重于开发一套助力装置来帮助残疾人实现正常的行为活动,主要用于医疗领域。

进入 21 世纪,美国国防部高级研究计划局(U. S. Defense Advanced Research Projects Agency,DARPA)的"增强人体机能的外骨骼"(Exoskeleton for Human Performance Augmentation,EHPA)项目是研究能量增强外骨骼机器人技术的主要推动力。该项目计划研制一种机器外骨骼,以此来提高士兵的军事作战能力。当士兵穿戴外骨骼机器人后,可以携带更多的武器装备,提高防护水平,也可以克服障碍,高速前进,降低大负荷、长距离行军的疲劳感。参与 EHPA 项目研究的单位主要有加利福尼亚大学伯克利分校(University of California,Berkeley,UCB)机器人和人体工程实验室、SARCOS 公司、麻省理工学院(Massachusetts Institute of Technology,MIT)等[5,6]。

伯克利下肢外骨骼(Berkeley Lower Extremity Exoskeleton,BLEEX)[7-10]设备由背包式外架、外骨骼拟人腿和动力设备构成,通过双向液压缸驱动 4 个关节,使得力臂能够跟随关节角度变化。在功率消耗方面,BLEEX 在地面行走期间总计消耗 1343W,其中液压动力消耗 1143W,另外电子设备消耗 200W 电力。它可以支持 75kg 的负荷,以 0.9m/s 的速度行走,在没有任何负载的情况下可以以 1.3m/s 的速度行走。SARCOS 公司开发了一种全身型的"可穿戴式能量自动化机器人"(Wearable Energetically Autonomous Robot,WEAR)[11],WEAR 自带能源,采用旋转液压驱动器来驱动关节运动,它可以支持 84kg 的负荷,以 1.6m/s 的速度行走,并且可以实现弯腰、下蹲和跪地等动作。麻省理工学院设计出一种准被动的外骨骼[12-15],从人体行走运动的动力学和运动学方向进行分析,选择弹簧、变阻尼器等准被动元件。MIT 的外骨骼机器人具有肩带、腰带、大腿箍带与定制鞋,能够与人体相互耦合,在无负载的情况下,只需 2W 的电能来控制位于膝关节的磁流变阻尼器,支持在 36kg 的负荷下以 1m/s 的速度行走。

除了美国的 EHPA 项目,还有其他国家对外骨骼机器人进行了大量研究。日本筑波大学设计了混合辅助腿(Hybrid Assistive Leg,HAL)[16-18],HAL 采用生物肌电传感器,使用时需要将其粘贴至肌肉表面,并且对粘贴的位置有严格要求。神奈川理工学院研制出动力辅助服(Wearable Power Suit,WPS)[19,20],WPS 的下肢采用独特的气动驱动方式来控制髋关节和膝关节的屈伸运动,其主要是为医院护士研制的,能够帮助他们照顾体重较大或者行走极为困难的患者。韩国汉阳大学研制的骨骼服[21,22]采用了多传感器下肢运动信息采集与步态分析系统,能够获取实时的随动腿关节运动数据和测力鞋压力数据;西江大学进行了大量的骨骼服研究[23-25],主要包括旋转弹性串联驱动器在人机交互机器人中的应用、基于气压传感器的步态监视系统和基于虚拟增益的骨骼服控制方法等。新加坡南洋理工大学的下肢外骨骼服[26-29]称为 NTULEE(Nanyang Technology University lower extremity exoskeleton),其由内、外两个外骨骼结构所组成,内部外骨骼结构简单而小巧,关节上的编码器用于测量人体关节角度信息,而外部外骨骼则主要承担负荷,其本质类似于主从控制。ReWalk 是一个由以色列制造商 ReWalk 机械(ReWalk Robotics)(前身为阿尔戈医疗技术(Argo Medical Technologies))设计制造的外骨骼系统[30],其结构包括轻量可穿戴的支撑结构、执行电机、传感系统、计算机控制系统和电源系统,主要用途是为协助下肢瘫痪的患者能够再次站立行走。

国内对于外骨骼机器人的研究,与国外相比相对滞后,在 2004 年之后才有了一些进展。浙江大学机械电子控制工程研究所的基于人机耦合的层次式控制架构选用了气动系统[31,32],其传感器系统包括位置传感器、力传感器与视觉传感器等,在步态综合层采用自适应模糊推理系统建立非线性步态控制。中国科学技术大学对骨骼服的构型、感知与控制方法等进行了分析研究[33-35],研发了采用"关节对关节"的主从随动控制策略与基于人机接触力的控制策略的可穿戴型助力机器人,近年来也对外骨骼机器人的传感器系统的研究有较为深入的进展。南京航空航天大学对上肢康复外骨骼机器人展开研究,提出模糊滑膜导纳控制方法[36],满足不同瘫痪程度和康复进度患者的康复训练需求。还有电子科技大学[37]、哈尔滨工业大学[38]也对下肢外骨骼机器人进行了研究。除了上述高校之外,国内也有一些厂商对外骨骼机器人进行研究,其中医疗领域的外骨骼机器人公司有大艾机器人、迈步机器人、司羿智能等,工业领域的外骨骼机器人公司有傲鲨智能、铁甲钢拳等。

处于实用阶段的外骨骼机器人应该具有以下特点。

(1)拥有良好的可穿戴性,既要让硬质的外骨骼表面和柔软的人类皮肤相贴附,以便穿戴者在使用过程中感觉到舒适安全,也需要外骨骼很好地响应和配合人体的运动。因此要求外骨骼机器人的机械系统设计与关节自由度应和人体下肢结构和自由度相互匹配,并且制作材料应该轻而坚固。

(2)能保证力量的耐久性,这就需要有能源供给装置,优化电源管理,通过先进的电源管理技术使得能量分配更合理,利用更高效、更充分,实现机构的可移动性。

（3）实现良好的人机互动,这就需要灵活轻巧的执行机构与控制算法,让外骨骼更好地理解用户的运动意图,并且做出正确的反馈,同时也要适应外部环境并做出合理反应。在当前的技术条件下,外骨骼机器人与拥有强大助力能力和康复功能的美好愿景成为现实之间还有一定的距离,其原因主要有以下两个方面:①硬件层面,通用型伺服电机难以提供给外骨骼机器人精细化操作所需的驱动能力,因此自主研发电机驱动器极为关键;②软件层面,目前的传感器融合算法、重心调节算法、多自由度控制算法、意图识别算法都很难达到可应用的级别。虽然近年来国内外对外骨骼机器人的研究有了很大的进展,但是从实验阶段到实用阶段仍然有一定的距离,需要跨越的障碍还有许多,因此亟须提高外骨骼机器人研究水平,加快外骨骼机器人的研究进程。

1.3 医用外骨骼机器人研究现状

外骨骼作为辅助工具,在医疗领域有两大作用:①帮助患者进行康复训练;②帮助残障人士获得行动能力。目前,市场上的医用外骨骼的功能以前者为主,且外骨骼正在向高控制力和高灵活性的研发方向发展。

中风或脑血管损伤(CVA),会给大脑造成不可逆转的物理损伤[39]。当大脑受到永久性神经损伤时,患处便不能正常工作,因此可能会导致患者无法移动身体一侧的多个肢体,并存在认知困难,例如无法理解正常人的对话或失去一半的视觉。

传统中医学中提到的"风、痨、臌、膈"4 种疑难顽症中[40],中风排在首位,是严重危害人类生命与健康的疑难疾病。中风在世界范围内是造成神经永久性损伤的首要原因,致死率排在心脏病和癌症之后,是目前造成人类死亡的第三大疾病。每年全世界约有 1500万人新患中风,其中三分之一的患者因此失去生命。目前,中国每年因为中风死亡的人数也已突破了 120 万[41]。中风可以分为两大类:由于血液供应中断引起的缺血性中风与由于血管破裂或异常的血管结构而导致的出血性中风[42]。大概 87％的中风是由缺血引起的,剩下的 13％是由出血引起的。60％的中风幸存患者需要长期接受医疗机构的治疗,并且再次发生中风的概率较高[43]。无论是西方发达国家,还是仍然处于发展中的我国,中风早期的急性治疗与后期康复治疗的昂贵费用都会给患者带来沉重的经济负担。由于中风患者会不同程度地失去劳动能力,这更使得中风成为一种"昂贵"的疾病。中风患者数量将随着我国进入老龄化社会而迅速增长,中风治疗费用在我国医疗保险支付总额中的比重也将大大增加。尽管随着我国脑神经外科手术水平的不断提高,大部分中风患者和脑血管疾病患者都能得到及时的手术治疗,但相当大比例的患者在术后都会伴随不同程度的后遗症,其中丧失一侧肢体的运动能力是主要的临床表现,因此中风也是目前人类致残的主要病因。

医学理论和临床实践证明,人体大脑的中枢神经系统具有高度的可塑性[44]。如果在脑中风患者(成人)发病的初期,对患者患侧肢体及时开展复健治疗,受损的大脑运动皮层通过不断重复的刺激,在一定程度上会重建与重组由于中风失去的大脑神经功能,促进患者患侧肢体运动功能的恢复。因此中风患者病发的初期是患者患侧肢体功能恢复的最佳时期[45],复健治疗的尽早介入,对患者患侧肢体运动功能的恢复具有积极的作用。中风患者病发 4 个月后,虽然复健治疗仍对患者运动功能的恢复起到积极作用,但是大脑中枢神经系统可能已经产生永久性损害,患者患侧肢体的运动功能可能永远无法恢复。目前多数学者主张中风病人在病情趋于稳定后,应尽早开展复健治疗,可减少致残概率,改善生活质量。早期的复健治疗为中风患者的后期康复带来了巨大的益处,许多轻度患者在接受治疗后重新开始正常的生活与工作。在我国,针对中风患者康复治疗的主要方式依然是通过康复治疗师对患者进行单独康复训练[46],医师的临床经验对复健效果起决定性作用。这种康复治疗方法不仅效率低、重复性差,并且训练成本较高,不能满足中风患者数量逐年增加的现状与广大中风患者对康复治疗效果的期盼。因此,为中风患者设计一种全新的康复治疗方案,帮助中风患者恢复患侧肢体运动功能,早日回归社会,具有十分积极的意义。

目前常规的康复运动疗法是通过康复医师辅助患者完成各种动作训练,维持患侧肢体肌肉的活力与运动能力,促进运动功能的早日恢复。但这种康复训练方式的训练强度不易控制,训练效果很大程度由治疗师临床经验决定,训练方式和训练效果之间的关系缺乏理论依据,这些问题限制了康复治疗方案恢复患者患侧肢体运动功能的程度。康复训练完全依靠治疗医师,但现有的医师数量与中风患者数量比例极度失衡,昂贵的费用使很多患者的治疗时间无法保证。随着科技的发展以及全社会对中风患者的关注不断加大,推动了康复训练机器人的出现,在很大程度上解决了中风患者的上述问题。

我国上肢功能损伤的残疾人数量巨大,因此,研发面向残疾人的先进康复设备,尤其是上肢康复机器人,能够提升我国康复技术领域的科研技术水平,缩小同先进国家的技术差距。对康复训练机器人进行自主产权研发还能够降低康复训练机器人的价格,进而推动其在医院和社区的广泛应用,为残障人士这个特殊的群体提供效果更好、种类更多的复健治疗形式,同时缓解了康复治疗师的工作压力。

康复训练机器人在临床试验中已经显示了其相对于康复医师的巨大优势。它的治疗具有持续性,不仅改善了治疗效果,也将康复治疗师从繁重的复健工作中解放出来。此外,康复治疗师还可以通过康复机器人记录的治疗数据,更精确地了解患者的治疗进程与复健效果,不断完善康复治疗方案。

随着社会经济的发展与科技水平的提高,人们对于中风患者中风后的康复训练治疗寄予了更高的期望。伤残患者更是希望通过先进的医疗尽早回归社会,重新拥有正常的生活与工作。本书结合康复医疗理论、机器人技术和计算机技术,基于减少康复训练机器人重量和尺寸的考虑,设计了一种面向中风患者的基于扭绳驱动[47-50]的可穿戴式上肢外骨骼康复训练机器人。中风患者可以通过穿戴该机器人,在其帮助下完成日常生活中上肢的部分运动。

由于患者作为机器人的负载对象并在一个物理空间内与机器人共同运动,患者是康复机器人系统的一个组成部分,因此康复训练机器人的工作方式与控制方法同工业机器人相比具有本质区别。康复训练机器人设计过程中必须要参考人的运动模型,特别是患者肢体的重心、步态和运动状态等因素[51]。为了使患者取得较好的训练效果,将顺应控制的方法与人体生物信息反馈控制技术相结合来实现人机交互控制的目的[52-54]。由于人机交互的特殊性,对康复机器人的驱动方式以及机械结构也有特殊的要求。另外,患者使用过程中的安全性也是康复机器人设计过程中一个必须考虑的重要问题。

康复训练机器人既具有医用机器人的特征,也包含了工业机器人的优点[55]。20世纪六七十年代,国外科研人员开始尝试将机器人技术应用到中风患者中风后的复健治疗领域,最初只是将工业机器人简单移植应用到中风患者的康复训练中。直到1980年,美国和英国才在康复训练机器人研究方面取得了较大进展,研究并制造出了面向各类残疾患者的康复训练机器人。随着康复训练机器人市场的快速发展,越来越多的国家与科研机构开展了对康复机器人系统的研究。各国政府对康复训练机器人的期望不仅限于在为患者提供新的治疗方法和带来良好的社会效益方面,更希望康复机器人这一新兴产业可以成为新的经济增长点并取得良好的经济效益。

康复训练机器人将机器人技术、人体生物反馈控制技术、传感技术、人工智能和康复医学理论完美结合,并且已经广泛地应用到中风患者的术后神经康复治疗和患侧肢体的功能恢复中[56]。一些欧美发达国家一直高度重视康复训练机器人技术的研发,并投入了大量的人力、财力开展该领域的科研工作,并在该领域取得了巨大的成果。根据不同的机械结构设计,上肢康复机器人可以划分为两类:末端牵引式康复机器人与柔性外骨骼式康复机器人[57]。

末端牵引式上肢康复机器人一般是将患者手腕固定在机器人的末端机构,手臂随着康复机器人的移动而运动。它具有机械结构简单、操作方便等优点,缺点则是难以实现对患者患侧上肢上各个关节的逐一训练。末端牵引式康复机器人的关节移动空间范围与患者关节可移动的空间范围不吻合,需要通过 D-H 空间转换解决二者运动范围空间不一致的问题[58],增加了控制系统的复杂度。由于末端牵引式康复机器人与患者通过手腕直接相连,康复训练过程中,产生的反作用力很可能伤害到患者的肢体。

科学家通过观察自然界中的节肢动物外部坚硬的外骨骼得到了启发,提出了柔性外骨骼式康复训练机器人的设计理念[59-63]。柔性外骨骼机器人可以直接穿戴于人体外部,为穿戴者提供康复训练、运动辅助等功能。该类康复训练机器人的各关节依附于人体,将人和机器紧密结合在一起,满足使用者进行多关节的主动、被动康复运动的需求。相比较于末端牵引式康复训练机器人,柔性外骨骼式康复训练机器人可以提供更加灵活、安全、丰富的康复运动。但是此类机器人由于受人体关节的运动方式和尺寸的限制,机械结构往往比较复杂,并且会增加使用者上肢的负担。

1.4　外骨骼机器人控制策略现状

外骨骼机器人与其他机器人最大的区别在于由人而不是机器作为操作者,操作者和外骨骼机器人之间有着物理接触,构成一个人机耦合系统。外骨骼机器人的控制系统建立在一定的信息感知基础上,国内外研究机构的学者不断地对外骨骼机器人人机交互策略进行改进,控制效果得到了改善,主要的控制方法有预编程步态控制、肌电信号控制、主从控制、地面反作用力控制、灵敏度放大控制等[64]。

外骨骼机器人通过预先设定的程序来运行的方式叫作预编程控制,穿戴者只能控制外骨骼机器人进行"动"和"停"等有限的功能。Ruthenberg 等[65]的步态机为关节伤者提供机械双足,帮助伤者恢复行走能力,但预编程装置需要患者使用拐杖或步行框架提供额外的稳定。

自肌肉传感问题被首次提出以来,肌电图信号模型从线性发展为非线性,用于肌电传感器的设计与应用。日本的 HAL(Hybrid Assistive Limb)作为采用肌电信号控制系统的下肢外骨骼机器人典型代表,它采用肌电信号来获取穿戴者的状态信息,肌电信号超前于肌肉的收缩与屈伸,抵消了控制系统中的延迟。但是使用肌电信号进行控制也存在缺点:无法实现关节转矩与特定肌肉的肌电信号之间一对一的映射关系;在激烈运动的情况下,容易脱落、易位;肌电图信号常常含噪声,经过处理过的肌电图信号才可以应用到下肢外骨骼机器人系统中;人体表面的汗液会影响传感器的准确测量等。

主从控制最早在电动机器人系统使用,需要两个外骨骼装置,通过测量装置获取人体关节信息,穿戴者控制"主"外骨骼,并通过它给"从"外骨骼下达指令。主从控制要求在"从"外骨骼的内部预留一定空间给穿戴者和"主"外骨骼,因此系统设计将会变得复杂。

在人体下肢行走过程中,地面反作用力是除了重力之外仅有的作用在人体下肢的外力,采用地面反作用力控制需要对穿戴者的地面反作用力与外骨骼的地面反作用力进行测量,同时还需要测量系统的运动特性,精确地建立穿戴者与下肢外骨骼机器人的动态模型。

灵敏度放大控制是将人体施加的力到外骨骼机器人输出的传递函数作为灵敏度函数,通过控制器的设计让灵敏度函数实现最大化,这样用很小的力便能改变外骨骼机器人的运动。灵敏度放大控制方法的缺点是依赖于系统的动态模型,但外骨骼机器人系统是多刚体、多自由度、非线性的,不容易建立准确的数学模型。

除了上述主要的控制策略,国内外其他学者同样对下肢外骨骼机器人控制策略进行了改进。Huo 等[66]提出一种应用于下肢外骨骼的新型主动阻抗控制策略,设计人体关节扭矩观测器来估计人体关节扭矩,构建人体外骨骼系统时变理想阻抗模型,将人体外骨骼系统的机械阻抗降低至穿戴者的运动能力水平之下,为穿戴者的坐与站立提供动力辅助。龙亿等[67]提出基于卡尔曼滤波预测人体运动意图的外骨骼机器人控制方法,使用力矩传感器测量人机交互信息,用卡尔曼滤波补偿意图延时,估计人体下肢关节的运动轨迹,该方法需要对 PD 控制律进行复杂的参数优化。丁峰等[68]提出基于灰色理论的步态预测方法,将踝关节作为研究对象,通过视频捕捉设备(Kinect)捕获自然行走状态下的踝关节空间位置坐标,利用灰色预测系统进行预测,灰色预测系统一般只需要很少的数据就可以进行建模,要求原始数据基本符合灰色预测模型的可行性。

随着深度学习以及计算机视觉技术的发展,外骨骼机器人的人机交互预测有了新的发展方向。本书拟将深度学习、机器视觉与控制理论相结合,针对在特定工作场景下的穿戴式外骨骼人的随动控制问题,研究探索一种基于改进卷积神经网络和长短期记忆网络的自适应外骨骼机器人运动轨迹和行为视频序列预测模型。具体做法是,根据外骨骼机器人的不同使用场景,将外骨骼机器人执行的任务转换成单一的可重复基本动作的组合。然后利用机器视觉将这些单一重复动作的时间序列视频帧作为基于卷积神经网络与循环神经网络结合构建的深层 CNN-GRU 模型的输入,进行基本动作空间和时间维度上的特征提取,在实时预测的过程中,利用 RLS-PAA(Recursive Least Square Parameter Adaption Algorithm)对模型进行实时更新,提高模型预测的准确性。

1.5　本章小结

本章通过对外骨骼的发展史,通用外骨骼、医用外骨骼机器人的国内外研究现状以及外骨骼机器人的控制策略的简要介绍,希望读者对外骨骼机器人有一个感性的认识。随着老龄化社会的来临、医疗水平提升和人类寿命的延长,医疗康复类外骨骼机器人在未来几年会迎来一个小爆发期。人口红利的消失,促进了工业用外骨骼机器人的应用。目前外骨骼机器人在帮助人类减轻负重、提升力量、提高工作效率等方面有了初步的应用。

第 2 章
扭绳驱动技术研究

目前大多数康复机器人采用的驱动方式主要有 3 种,包括气压、液压和电机驱动。液压驱动方式存在噪声大、低速时输出不稳定和容易出现液体泄漏等问题,并且液压驱动器的功率单元笨重且昂贵,液压驱动方式常被用来搬运较重的物体,并不适宜于高速移动的机器人,因此目前在康复机器人领域已经很少使用这种驱动方式。气压驱动方式在原理上与液压驱动方式十分相似,需要专门的气源,气源的噪声也比较大。由于空气可压缩比大,在受负载作用时会进一步产生压缩和形变,导致实现精确位置控制比较困难,因此气压驱动器一般应用在对位置精度要求不高的康复机器人上。气动驱动方式的优点在于气动驱动器本身可以支撑机器人关节,在同样的负载条件下比电机和液压驱动质量更轻,结构更简单,但受到气缸大小的限制只能给负载提供有限的线性位移。电机驱动方式是利用不同种类电动机产生的力矩去驱动机器人的关节,从而使机器人关节可以转动到设定的位置,满足机器人对关节转动速度与加速度的要求。电机驱动方式具有环保、易于控制、运动精度高、成本低等优点,因此目前负载小于 200kg 的工业机器人多采用电机驱动系统。由于需要将电机直接安装在机器人各个运动关节上,在增加机器人关节重量的同时也增加了电机的负荷,机器人的机械结构也变得较为复杂。线驱动方式不仅可以减少采用电机驱动方式所产生的摩擦力和电机侧隙,还可以减少机器人驱动关节的重量。上述 3 种传统的驱动装置通常被安装在机器人的关节上,机械结构沉重、惯性大,且存在较为严重的安全隐患。用扭绳驱动的机器人可以将驱动装置全部安装在基座上,驱动力均通过轻质的绳子来传递,因此机器人自身载重/质量比高,转动惯量较小,且机械臂很容易通过多个扭绳驱动关节模块的串联组合实现多自由度的灵活运动。扭绳驱动方式是一种单向驱动方式,只能提供拉力不能提供舒张力,n 自由度的机器人至少需要 $n+1$ 根扭绳来驱动,例如一自由度的机器人转动关节,需要 2 根扭绳驱动。此外在实际驱动过程中,扭绳需要一个一直存在的张力避免扭绳变得松弛。约翰逊、卡鲁丝等人开发了一个五自由度的上肢康复机器人,机器人同时采用了扭绳驱动方式和电机驱动方式,肩部的抬高或降低通过拉紧和松开扭绳实现,在需要相对较少扭矩的肘部使用电机直接进行驱动。

　　本书研究的穿戴式上肢外骨骼康复训练机器人主要用于中风患者的康复训练治疗,同时以提供辅助力的方式带动患者的患侧肢体进行正常人体上肢的运动,从而协助中风患者早日康复。轻量化、小型化、可穿戴性与节能是康复机器人的设计原则,为了达到以上设计目标,本书提出了一种新型的扭绳驱动方式,这种驱动方式能量消耗少、易于控制、响应速度快并且可将驱动器放置在远离上肢外骨骼康复训练机器人驱动关节的位置,从而减少穿戴康复训练机器人的患者的负担。由于扭绳驱动本身所具有的软启动特性,纽绳驱动机器人也可以更好地保障患者在使用机器人时的安全。

2.1　扭绳驱动方式结构

　　扭绳驱动方式作为一种新型的驱动方式还没有被广泛运用在康复机器人领域。使用扭绳作为驱动装置不仅可以减少驱动装置与机器人关节之间的摩擦力,也可以大大降低整个驱动关节的质量,同时还有效避免了采用电机直接驱动机器人关节时存在的齿隙非线性问题。扭绳驱动可以最大限度地简化机器人机械结构的复杂度,因其质量轻,在对机器人进行力学分析的过程中不需要考虑驱动器本身的重量。尽管扭绳驱动方式具有驱动惯性小、操作方便与软启动等优点,但其也存在建模困难,当外部干扰、负载变化时系统的参数难以准确估计,以及经过长时间使用后,扭绳在负载的作用下会产生弹性形变等问题,这些问题会增加机器人控制复杂度、降低机器人的控制精度。扭绳驱动方式的原理比较简单,如图 2.1 所示,将 2 根或者多根线缆的一端固定在驱动电机的转动轴上,另一端固定在负载上,通过驱动电机的转动将线缆扭转在一起,线缆的长度由于彼此间的相互缠绕而减少,从而给负载提供沿电机轴向方向的直线线性位移与拉力。

　　驱动电机的尺寸与大小直接影响患者穿戴上肢外骨骼康复训练机器人的舒适性以及机器人的持续工作能力。扭绳驱动方式本身具有较高的减速比,因此在实际应用中允许使用体积小、重量轻和效率高的高转速电机。

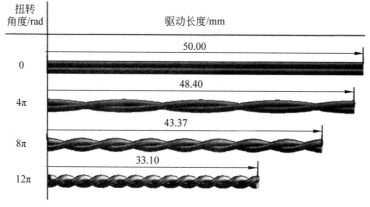

(a) 扭绳驱动方式原理

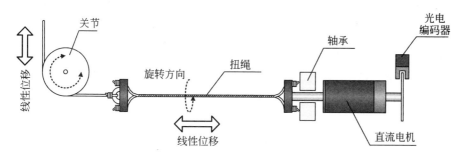

(b) 扭绳驱动整体结构

图 2.1　扭绳驱动方式整体结构

2.2　扭绳驱动方式的数学模型

建立扭绳驱动数学模型的过程中不仅需要考虑扭转线缆的长度和弹性因素,还要考虑扭转线缆的股数与配置方式。机器人驱动器设计过程中,精确的数学模型可以为设计者提供选择驱动电机、线缆的材料和长度的理论依据。

扭绳驱动器有两种基本的线缆配置方式:一种是扭转线缆中没有一个不与其他线缆发生缠绕的中间轴,如图 2.2(a)所示;另一种是扭转线缆中间存在一个中间轴。当采用第二种线缆配置方式时,进行扭转的单股线缆实际半径变成 $r_t = r_s + r_c$,其中 r_s 是作为中间轴线缆的半径,r_c 是其他普通线缆的半径。

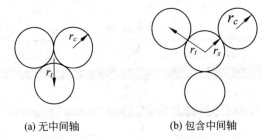

(a) 无中间轴 　　　　　(b) 包含中间轴

图 2.2　扭绳驱动单元扭转线缆配置方式

假设扭转线缆的刚度无限大,在建立数学模型时可以认为线缆不产生轴向拉伸,同时假设沿电机轴向的负载被平均分布在每股参与扭转的线缆上。当电机旋转了一定的角度,扭绳沿着电机轴向呈空间螺旋线形状,如图 2.3(a)所示,其中 r 表示电机转动轴的半径,α 是线缆与电机轴向方向的夹角,nF_i 是扭绳受到的拉力。为了建立电机转过的角度 θ 与线缆扭转后的实际长度之间的关系,将图 2.3(a)几何展开成图 2.3(b)。由图 2.3(b)中的几何关系可以得知,线缆扭转后展开的长度、扭转后的实际长度以及电机转过角度三者之间的关系:

$$L = \sqrt{\theta^2 r^2 + d^2} \tag{2.1}$$

$$\sin\alpha = \frac{\theta r}{L}, \quad \cos\alpha = \frac{d}{L}, \quad \tan\alpha = \frac{\theta r}{d} \tag{2.2}$$

式中,L 是扭绳扭转后展开的长度;d 是扭绳扭转后的长度;L 和 d 之间的差值就是扭绳驱动器实际提供给负载的线性位移大小。可以简单地把扭绳想象成一个只能提供沿电机轴向方向拉伸力的弹簧,负载的线性位移等价于弹簧形变的长度,根据胡克定律可以

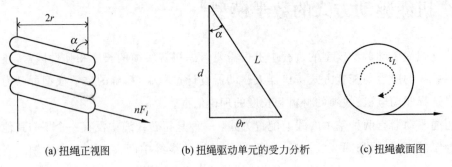

(a) 扭绳正视图 　　　(b) 扭绳驱动单元的受力分析 　　　(c) 扭绳截面图

图 2.3　扭绳展开的几何示意图

推导出扭绳产生的拉力与线性位移之间的关系：

$$nF_i = K(L - L_0) = K(\sqrt{r^2\theta^2 + d^2} - L_0) \tag{2.3}$$

式中，L_0 是扭绳没有扭转之前的原始长度，通过对式（2.3）进行变换可以得到扭绳扭转后的长度：

$$d = \sqrt{\left(\frac{nF_i}{K} + L_0\right)^2 - r^2\theta^2} \tag{2.4}$$

通常中风患者在康复训练中需要使上肢保持在某个姿势一定时间，为了保证上肢外骨骼康复训练机器人可以在不同的位置都能保持静态平衡，扭绳驱动器必须产生足够的扭矩。假定扭转线缆之间的静摩擦力可以忽略不计，扭绳产生的力 nF_i 可以分解成电机轴向方向的拉力 F_z 和水平方向的力 F_τ，F_τ 的方向和电机转动的方向相反，如图 2.4 所示。

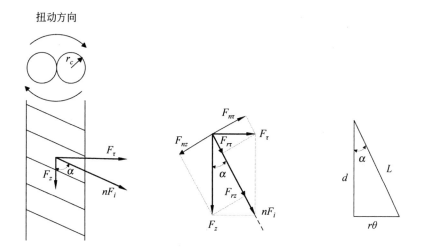

(a) 扭绳驱动单元受力分析（正视图）　(b) 扭绳驱动单元受力分析示意图　(c) 螺旋解开示意图

图 2.4　扭绳驱动单元受力分析

扭绳提供给负载的力取决于图 2.4 中扭绳展开的方向与竖直方向的夹角 α 以及组成扭绳线缆的股数 n：

$$F_i = F_z / n\cos\alpha$$
$$F_\tau = nF_i\sin\alpha \tag{2.5}$$
$$\tau_m = rF_\tau$$

将式（2.5）代入式（2.6）中，可以计算出在不同负载下电机所应提供的扭矩：

$$\tau_m = rF_z \tan\alpha = \frac{F_z \theta r^2}{d} \tag{2.6}$$

在外部负载较大的情况下,线缆不产生拉伸形变的假设将不再成立,此时需要考虑线缆由于负载而发生弹性形变导致长度发生改变的情况。在这种情况下,式(2.4)可以被修改成式(2.7):

$$d = \sqrt{L_0^2\left(1 + \frac{nF_i}{L_0 k}\right)^2 - \theta^2 r^2} \tag{2.7}$$

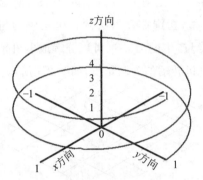

图 2.5　扭绳三维空间示意图

线缆开始扭转后在三维空间呈螺旋线形状,如图 2.5 所示。螺旋线之间间隙 q 的长度由扭绳的长度与电机转过的角度决定,它们之间的关系如式(2.8)所示:

$$2\pi d = q\theta \tag{2.8}$$

螺旋线之间的间隙 q 在扭绳开始自我缠绕时的临界条件下取得最小值,当间隙 q 取得最小值时扭绳驱动单元中的 n 股线缆依次排列在一起,彼此之间没有任何空隙,因此:

$$q_{\min} = 2nr_t \tag{2.9}$$

式中,r_t 是单股线缆的半径,将式(2.8)、式(2.9)代入式(2.7)中,可以计算出驱动电机在扭绳开始自我缠绕临界情况下能够转过的最大角度 $\theta_{\max}$ 与扭绳驱动器产生的最大线性位移 $p_{\max}$:

$$\theta_{\max} = \frac{L_0}{\sqrt{r^2 + \frac{n^2 r_t^2}{\pi^2}}}, \quad p_{\max} = L_0 - \frac{L_0}{\sqrt{\frac{\pi^2 r^2}{n^2 r_t^2} + 1}} \tag{2.10}$$

2.3　扭绳驱动方式数学模型的实验验证

本书设计了一个实验平台用于测试不同情况下模型的正确性与可靠性,如图 2.6(a)所示。实验平台使用了两个长度为 400mm 的直线滑轨确保实验过程中扭绳驱动负载做直线往复运动,具有 64 线光电编码器的 Pololu 12V,19∶1 Gear Motor 直流电机被固定在实验平台的最上方,该电机被用来扭转线缆产生直线线性位移。两个七孔正六边形扭绳固定装置被分别安装在电机的转动轴与负载上,如图 2.6(b)所示。利用上述实验平台,对采用不同配置方式线缆进行扭转实验,以验证模型的正确性。

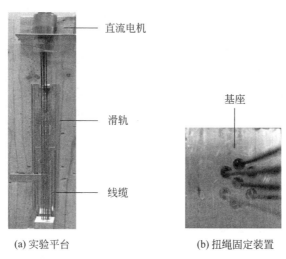

(a) 实验平台　　　　　　　　(b) 扭绳固定装置

图 2.6　扭绳平台装置图

　　为了验证推导模型中扭绳驱动器产生的直线线性位移与驱动电机转过的角度之间的关系,选用了直径 0.5mm 的鱼线进行扭转实验。实验结果与模型仿真结果的对比如图 2.7 所示,图中红线为实验结果,蓝线为模型仿真结果。从图 2.7 中可以看出,理论模型仿真值与实验结果之间存在细微的差异,且差异随着电机转动角度的增加而变大,这说明扭绳在外力的影响下产生了拉伸形变。从图 2.7[69]中可以观察到使用鱼线进行扭转实验,当电机转过 320 圈时,实验数据表现出明显的跳跃与非线性,通过对实验过程中扭绳的观察,发现当电机转过 320 圈时,由鱼线组成的扭绳出现了自我缠绕的现象,如图 2.8 所示。当扭绳发生自我缠绕时,不仅扭绳自身容易受到永久性的物理性损伤,并且其运

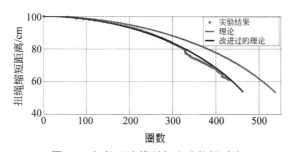

图 2.7　扭绳理论模型与实验数据对比

扫码看彩图

动特性也会变得更加非线性,如图 2.9 所示。因此将扭绳应用到上肢外骨骼康复训练机器人中时,可以通过适当加大扭转线缆的直径与限制电机转动圈数来避免扭绳发生自我缠绕并抑制扭绳运动特性过于非线性。由图 2.7 中的实验数据可知,扭绳发生自我缠绕

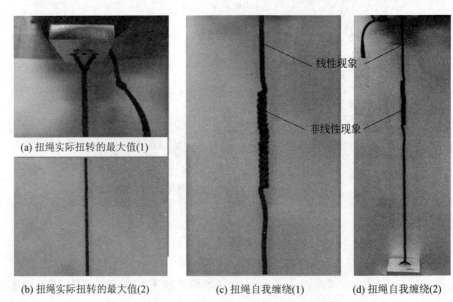

(a) 扭绳实际扭转的最大值(1)

(b) 扭绳实际扭转的最大值(2)　　　　(c) 扭绳自我缠绕(1)　　　　(d) 扭绳自我缠绕(2)

图 2.8　扭绳实际扭转的最大值与扭绳自我缠绕

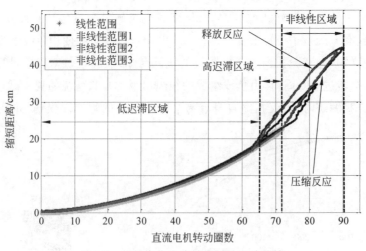

图 2.9　扭绳发生自我缠绕时的运动特性

扫码看彩图

的现象明显早于模型的预期,因此在扭绳实验前需要通过实际测试来确定线缆发生自我缠绕时电机转过的圈数。为了保证线缆本身的良好工作状态以及系统的可控性,应当将电机转动圈数限制在线缆发生自我缠绕时圈数的 80% 以内。

　　扭绳驱动方式是否具有实际的应用价值在很大程度上取决于扭绳在经过多次重复扭转后是否能够保持其材料力学特性不变。另外,扭绳在扭转与解开过程中产生的直线线性位移与驱动电机转过的角度之间的关系是否存在差异,如果有差异,差异是否在受控的范围。为了解答上述的问题,分别选取长度为 100cm 和 50cm 的两股鱼线重复进行 50 次扭转与解开的实验,实验结果如图 2.10 所示。

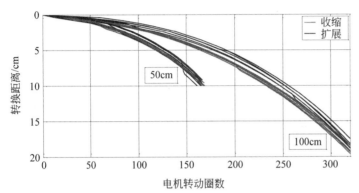

图 2.10　不同长度鱼线 50 次重复性实验　　　　扫码看彩图

　　从控制器设计角度出发,需要考虑扭绳驱动方式的迟滞性,较大的迟滞性会增加控制器设计的难度和系统延迟。为了研究扭绳驱动方式的迟滞性与扭转线缆和解开线缆时扭绳运动特性的区别,从图 2.10 中选取了扭转与解开的两组实验数据进行对比。理论上,扭绳驱动方式无论是扭转还是解开,在这两种不同状态下,其运动特性应该十分接近,甚至相同。但事实并非如此,由图 2.11 可知,扭绳迟滞性与其长度成正比关系,这为如何选择适合长度的线缆进行扭转提供了实验依据,在产生相同位移的情况下,尽可能选择较短的线缆进行扭转,以减少扭绳迟滞现象对系统的影响。

　　在上述实验中,对材料相同、长度不同的两组鱼线分别进行了测试,结果表明由塑料制成的鱼线,其表面的光滑度远低于预期,所以鱼线之间的摩擦力较大,会造成扭绳迟滞。为了对比不同材料线缆以不同的配置方式进行扭转时,扭绳的迟滞效应和运动学特性,下一组实验将采用刚度大且具有较高负载能力的线缆进行扭转。新的实验中,采用

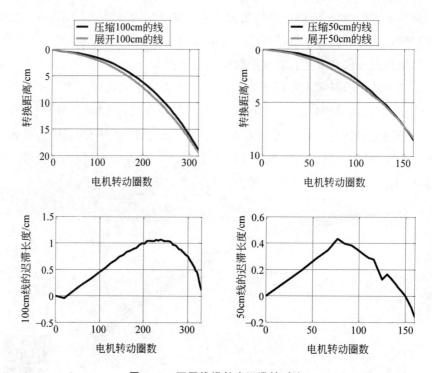

图 2.11   不同线缆长度迟滞性对比

直径为 0.9mm、最大负载为 13.6kg 的尼龙线进行扭转,因为将扭绳驱动器应用到本书设计的上肢外骨骼康复训练机器人时,线缆的长度会因为机器人的机械结构尺寸受到限制,线缆长度的最大值是 50cm。因此实验只对长度为 50cm 的线缆进行不同配置下的扭转实验,配置方式如图 2.12 所示。为了验证扭绳驱动方式的负载能力,实验测试了扭绳在不同负载下的运动特性(500g、1500g、2500g 和 3500g)。考虑到人体小臂的质量和驱动电路最大输出电流,3500g 是实验中选用的最大质量的负载。第一组实验采用图 2.10(a) 和图 2.10(c) 两种扭绳配置方法,实验结果如图 2.13 所示。

由图 2.11 可知,在相同负载的情况下,配置中轴与没有配置中轴的扭绳的低迟滞范围分别在电机转动 0~47 圈和 0~60 圈,在电机转动相同圈数的情况下,配置中轴的扭绳产生的线性位移比没有配置中轴的扭绳产生的线性位移多 20%。由式(2.7)可知,中轴的加入会使 r_t 的值变大,较大的 r_t 会使扭绳具有更快的响应速度。

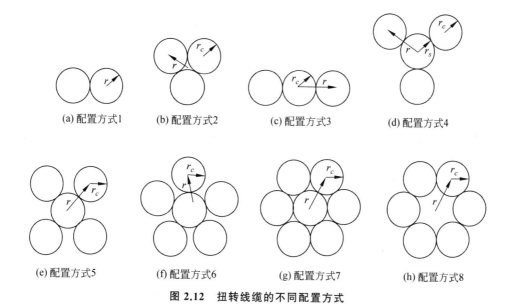

(a) 配置方式1　　(b) 配置方式2　　(c) 配置方式3　　(d) 配置方式4

(e) 配置方式5　　(f) 配置方式6　　(g) 配置方式7　　(h) 配置方式8

图 2.12　扭转线缆的不同配置方式

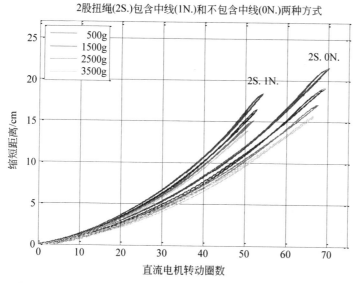

图 2.13　配置中轴与没有中轴的扭绳在不同负载下运动特性(尼龙线)

扫码看彩图

通过对比扭绳在不同负载下配置中轴与没有配置中轴的运动学曲线可以发现,配置中轴的扭绳相比没有配置中轴的扭绳迟滞现象明显减弱。实验过程中还发现扭绳在电机刚开始转动的阶段同实验平台和直流电机产生了共振现象,由于直流电机是通过螺栓紧紧固定在实验平台上的,扭绳的弹性系数以及负载的质量是引起系统共振的主要因素。研究振动的原因以及扭绳的弹性系数对振动的影响超出了本书的研究范围,但是如何避免共振现象也是选择扭绳驱动器材料和配置时需要考虑的重要因素。如图 2.13 所示,两种配置的扭绳在开始阶段都发生了不同程度的振动,但是随着电机转动圈数的增加,共振现象逐渐被抑制。同样,配置中轴的扭绳比没有中轴的扭绳可以更好地抑制共振现象。

为了给本书设计的上肢外骨骼康复训练机器人采用的扭绳驱动器选择最佳的线缆配置方式,采用与上组实验材料相同的线缆,分别对 3 股、4 股、5 股、6 股配置中轴和没有配置中轴的尼龙线进行了扭转实验,在扭转过程中分别加入 4 种不同质量的负载(500g、1500g、2500g 和 3500g),实验结果如图 2.14 所示。通过对表 2.1 中的数据进行分析,可以发现配置中轴的扭绳不仅可以有效地抑制系统共振,同时也提高了系统的响应速度。但是采用配置中轴和较多股数的线缆进行扭转时,扭绳产生线性位移的最大值会变小,因此在实际应用中,在能够满足线性位移需要的前提下,采用较多股数线缆和配置中轴不仅可以加快系统的反应速度,也可以提高系统的稳定性。图 2.15 给出了采用不同配置

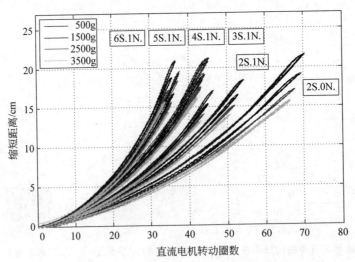

图 2.14　扭绳在不同负载和配置下的运动特性(尼龙线)

扫码看彩图

方式和股数的扭绳线缆在相同负载情况下的运动特性。

表 2.1　扭绳在不同负载和配置下的特性(尼龙线)

配 置 方 式	电机最大转动圈数	最大线性位移/cm	扭绳往复运动误差/cm	具有振动现象的位移范围/cm	没有振动现象的位移范围/cm
2 股无中轴	60	15	3.0	10～13	3.0～5.0
3 股无中轴	55	15	1.5	10～11	4.0～5.0
2 股有中轴	47	13.5	2.2	5.0～6.0	7.5～8.5
3 股有中轴	38	11	1.3	5.0～5.5	5.5～6.0
4 股有中轴	35	12.5	1.3	4.5～5.0	7.5～8.0
5 股有中轴	31	12.5	1.3	3.7～4.1	8.4～8.8
6 股无中轴	31	11.5	1.3	7.5～8.0	4.0～4.5
6 股有中轴	31.5	14	1.3	4.0～4.5	9.5～10

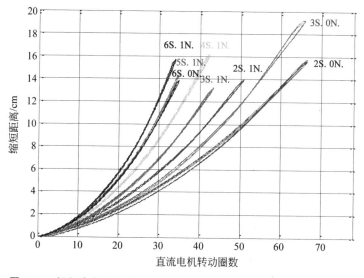

图 2.15　扭绳在相同负载(3500g)和不同配置下的运动特性(尼龙线)　　扫码看彩图

相比鱼线,尼龙线展现出了较好的运动特性与负载能力。由于线缆的负载能力与运动特性直接关系到上肢外骨骼康复训练机器人的性能,于是对一种市面上可以买到,具有 200kg 负载能力的军用线缆进行与尼龙线相同的测试,实验结果如图 2.16 所示。

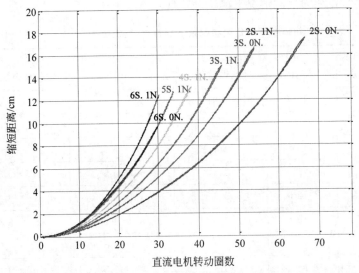

图 2.16   扭绳在相同负载(3500g)和不同配置下的运动特性(军用线缆)   扫码看彩图

通过对比表 2.1 和表 2.2 的数据,可以发现,采用军用线缆的扭绳相比于采用普通尼龙线的扭绳在抑制系统共振方面并没有明显的改进,但是采用军用线缆的扭绳具有更快的响应速度和较少的迟滞。

表 2.2   扭绳在不同负载和配置下的特性(军用线缆)

配置方式	电机最大转动圈数	最大线性位移/cm	扭绳往复运动误差/cm	具有振动现象的位移范围/cm	没有振动现象的位移范围/cm
2 股无中轴	63	16.5	2.6	3.0~3.5	13~13.5
3 股无中轴	51	16.5	1.1	1.5	15
2 股有中轴	50	15.5	1.6	2.5~3.0	12.5~13
3 股有中轴	42	13	0.9	1	12
4 股有中轴	36	12.5	1.5	0.3~0.5	12~12.2
5 股有中轴	33	12.5	1.3	0.3~0.5	12~12.2
6 股无中轴	32	11	1	0.5	10.5
6 股有中轴	28	11	0.9	0.3~0.5	10.5~10.7

理论模型和实验结果均表明,扭绳驱动器提供的直线线性位移与驱动电机转过圈数

之间的关系是非线性的。为了使采用扭绳驱动方式的上肢外骨骼康复训练机器人的运动较为平滑，同时减少控制的复杂度，我们希望扭绳驱动器驱动电机能够在一个近似为线性的区间扭转和解开扭绳。因此需要一种方法[70]可以从扭绳驱动器驱动电机的转动范围内寻找出其中最近似线性的一段范围。为了寻找这个最近似线性的范围，首先要明确实际应用中需要扭绳驱动器提供的线性位移的最大值，然后从 0 转开始向后寻找第一段满足线性位移最大值的电机转动范围并记录下开始和结束的圈数，假设电机的转动范围内共有符合上述要求的 n 个范围，求出这 n 个范围中所有相邻两点之间构成直线的斜率的标准方差，最后比较这 n 个标准方差。标准方差最小的这个区间，就是实验要寻找的近似线性区间，如图 2.17 所示。在实际操作过程中，可以让驱动电机预先转动到这个区间的边界值，确保扭绳驱动器运转在选定的近似线性区间内。

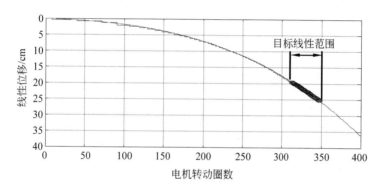

图 2.17　在 100cm 长线缆中满足要求的最线性范围

2.4　本章小结

本章在介绍外骨骼机器人驱动方式的基础上，着重分析了扭绳驱动方式的理论模型，设计了相关的实验平台，对扭绳驱动理论模型的正确性和稳定性进行了实验验证。其次，结合具体的实验数据深入分析了扭绳驱动方式重复使用性、迟滞性、自我缠绕以及在不同配置下扭绳所具有不同的运动特性等问题。理论分析和实验结果均表明，扭绳驱动方式是一种非常适合外骨骼机器人的驱动方式。

第 3 章
外骨骼机器人的机械设计

本章主要从解剖学的角度研究人体上肢结构,根据设计的需要选择合适的建模方法对人体上肢进行建模。结合模型和中风患者的实际情况,以现代康复医学理论和神经可塑性为基础,进行上肢外骨骼康复训练机器人的机械结构设计。在控制系统的帮助下,机器人可以帮助穿戴它的患者进行重复性的康复训练以及主动意识下的训练,使患者受损的大脑皮质重构,上肢的运动能力得到恢复。

3.1 人体上肢解剖学结构

在进行机器人机械设计之前,充分了解人体上肢的解剖学结构和活动范围是必要的。人体上臂的骨骼结构如图 3.1 所示[71,72],它包括大臂、小臂、手腕以及手部。人体上肢各类动作是通过附着在骨骼上的肌肉牵引骨骼围绕上肢的 3 个关节复合体(肩关节、肘关节和腕关节)运动而完成的[73]。

1. 肩关节

肩关节的生理结构如图 3.2(a)所示。肩关节由 3 个在盂肱关节处连接在一起的骨骼构成。Van der Helm 利用有限元技术,建立了较为完善的肩关节动力学模型[74],根据他的模型,上肢包括肌肉和骨骼被假设成多刚体结构,刚体和刚体之间采用无摩擦的运动学关节连接,构成肩关节的胸胛和肩胛之间通过球窝相互连接,如图 3.2(b)所示。肩关节的运动范围被限制在一个椭圆面上[75],如图 3.2(c)所示。

2. 肘关节

肘关节的生理结构如图 3.3(a)所示[75]。肘关节包含 2 个自由度,分别是屈/伸、内旋/外旋,如图 3.3(c)所示。图 3.3(b)给出了肘关节的铰链关节模型。

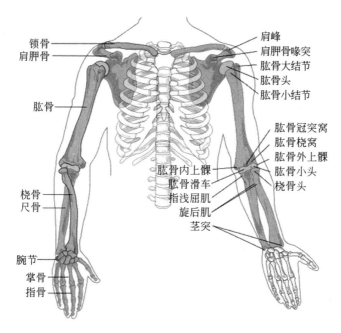

图 3.1　人体上肢和胸部轮廓图

人体上肢各关节的运动形式多样且复杂,精密和复杂的模型也不能完整地描述人体各关节的全部运动形式。从机器人机械结构设计的角度考虑,使用相对简单的人体上肢关节模型设计的康复机器人无法满足患者进行康复训练的实际需要,但采用过于复杂的

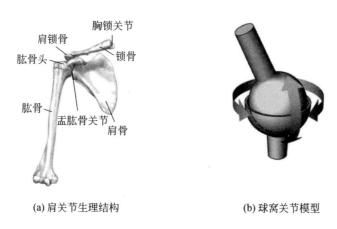

(a) 肩关节生理结构　　　　　　　　　(b) 球窝关节模型

图 3.2　人体肩关节结构示意图

(c) 肩关节运动范围

图 3.2　（续）

(a) 肘关节　　　　　(b) 铰链关节模型　　　　　(c) 肘部运动

图 3.3　人体肘关节结构示意图

人体上肢关节模型会增加机器人结构设计的难度，因此合理选择人体上肢运动关节的模型，是上肢外骨骼康复训练机器人设计的基本原则。

3.2　人体上肢动力学建模研究

本书设计的上肢外骨骼康复训练机器人在使用过程中，其运动方式与患者的运动方式保持一致，患者和外骨骼机器人可以被视为统一的整体，对人体上肢建立模型并进行动力学分析，充分了解上肢外骨骼康复训练机器人施加在患者上肢的作用力以及上肢各个关节之间的相互作用力，从而使上肢外骨骼康复训练机器人与患者紧密结合，实现人机之间的交互。

根据 3.1 节中对人体上肢解剖学结构的分析可知，如果只需要了解上肢关节运动和力矩的情况，可以将人体的上肢看作是通过关节处的运动带动上肢运动的多刚体开链式结构,如图 3.4 所示。如果加入对关节刚度和阻尼的考虑,人体上肢的模型可以采用刚度-阻尼模型[76]。本书从简化模型与人体实际的生理结构出发,将人体上肢简化为二阶刚度-阻尼系统模型。

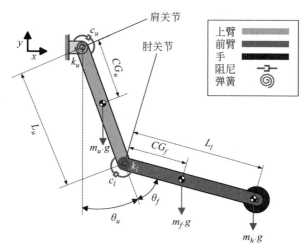

图 3.4　人体上肢二自由度的多刚体链式结构

　　人类的上肢是一个通过肩关节、肘关节和腕关节将大臂、小臂和手部相互连接在一起并且具有多自由度的灵活机械臂。随着对人体上肢解剖结构研究的深入,人体上肢模型的精度也在不断提高,对于上肢运动的描述越来越逼真,但也增加了上肢外骨骼机器人设计的难度,因此需要一个能够描述人体上肢肩关节和肘关节主要运动形式的简化模型。本书从肩关节和肘关节的最基本运动机理出发,对比滑膜关节的运动形式,将人体上肢简化成一个二自由度的多刚体链式结构,肩关节和肘关节处由刚度-阻尼构成。

　　人体上肢动力学是根据上肢各个关节的驱动力,计算出上肢各个关节的位移、速度和加速度,动力学的分析不仅可以用于系统仿真,也可以用于计算上肢康复训练机器人进行康复训练时上肢各关节产生的驱动力或力矩。

　　欧拉法、汉密尔顿原理法以及拉格朗日法是比较具有代表性的几种运动学分析方法。这些方法各有特点,欧拉法计算速度较快,但形成方程较为烦琐。汉密尔顿原理是建立多自由度大型结构系统动力学方程的最有效的基本原理和方法,但它只能解决有广义势能的广义者,对于能解析解码方程没有任何优势,反而更加复杂了。拉格朗日法建立系统动能和势能的拉格朗日函数,利用拉格朗日函数推导出系统的动力学方程。拉格朗日法简单规范,适合使用计算机进行建模和求解动力学方程,在计算机技术快速发展的时代,使用拉格朗日法建立动力学方程具有较大的普适性。

本书使用拉格朗日法[77]建立人体上肢的二自由度动力学方程,肘关节和肩关节的运动被限制在矢状平面内。拉格朗日函数反映了系统动能和系统势能的差别。构建拉格朗日函数的第一步是确定系统的动能和势能,因此需要对人体上肢手臂的重力、摩擦力、阻尼以及人施加在肩关节和肘关节上的扭矩进行定量分析。表3.1给出了采用拉格朗日法构建人体上肢二自由度力学模型中用到的参数。

表 3.1　人体上肢模型中用到的参数

参　数	含　义	参　数	含　义
m_u	上臂质量 1.485kg	L_u	上臂长度 0.3m
m_l	前臂质量 0.936kg	L_l	肘部到手掌的长度 0.26m
m_p	手掌质量 0.351kg	J_u	上臂的转动惯量
θ_u	上臂角度	J_l	前臂的转动惯量
θ_l	前臂角度	k_u	肩关节弹性系数 0.5N/M
v_u	上臂重心	k_l	肘关节弹性系数 0.5N/M
v_l	前臂重心	c_u	肩关节阻尼系数 0.3
v_p	手掌重心	c_l	肘关节阻尼系数 0.3

使用拉格朗日法建立上肢手臂的动力学方程,首先需要构建拉格朗日函数,然后再建立和系统自由度个数相等的欧拉-拉格朗日方程:

$$L = T - U \tag{3.1}$$

$$\frac{\mathrm{d}}{\mathrm{d}t}\left(\frac{\partial L}{\partial \dot{q}_i}\right) - \frac{\partial L}{\partial q_i} = 0, \quad i = 1, 2, \cdots, n \tag{3.2}$$

式(3.2)中,q 是系统各个组成部分(上臂、前臂和手)的矢量坐标(X,Y,θ),将上肢运动时受到的摩擦力,肩关节和肘关节产生的扭矩以及来自其他方面的损耗考虑进来,引入 Q 变量代表上肢手臂所受的外力,式(3.2)可以修改为

$$\frac{\mathrm{d}}{\mathrm{d}t}\left(\frac{\partial L}{\partial \dot{q}_i}\right) - \frac{\partial L}{\partial q_i} = Q_i, \quad i = 1, 2, \cdots, n \tag{3.3}$$

系统动能由手臂在矢状平面移动的动能和关节转动的动能两部分组成:

$$T_1 = \frac{1}{2} m_u v_u^2 + \frac{1}{2} m_l v_l^2 + \frac{1}{2} m_p v_p^2 \tag{3.4}$$

$$T_2 = \frac{1}{2} J_u \dot{\theta}_u^2 + \frac{1}{2} J_l (\dot{\theta}_u + \dot{\theta}_v)^2 \tag{3.5}$$

根据线速度的定义,计算上臂和前臂的线速度:

$$\boldsymbol{v}_u = \boldsymbol{v}_o + \dot{\theta}_u \boldsymbol{k} \times \left(\frac{L_u}{2} \sin\theta_u \boldsymbol{i} - \frac{L_u}{2} \cos\theta_u \boldsymbol{j} \right) \tag{3.6}$$

$$\boldsymbol{v}_A = 2\boldsymbol{v}_u \tag{3.7}$$

$$\boldsymbol{v}_L = \boldsymbol{v}_A + \boldsymbol{w}_{B/A} \times \boldsymbol{r}_{L/A} \tag{3.8}$$

$$\boldsymbol{w}_{B/A} = \dot{\theta}_u + \dot{\theta}_l \tag{3.9}$$

$$\boldsymbol{r}_{L/A} = \frac{Le}{2} \sin(\theta_u + \theta_l) \boldsymbol{i} - \frac{Le}{2} \cos(\theta_u + \theta_l) \boldsymbol{j} \tag{3.10}$$

系统的总动能为

$$T = T_1 + T_2 \tag{3.11}$$

将式(3.6)、式(3.10)代入式(3.4)、式(3.5)可得

$$
\begin{aligned}
T = \frac{1}{2} \Bigg(& \frac{1}{3} m_u L_u^2 + m_l L_u^2 + m_p L_u^2 + \frac{1}{3} m_l L_l^2 + m_p L_l^2 + \\
& (m_l + 2m_p) L_u L_l \big[\cos\theta_u \cos(\theta_u + \theta_l) + \sin\theta_u \sin(\theta_u + \theta_l) \big] \Bigg) \dot{\theta}_u^2 + \\
& \frac{1}{2} \Bigg(\frac{1}{3} m_l L_e^2 + m_p L_e^2 \Bigg) \dot{\theta}_l^2 + \frac{1}{2} \Bigg(\frac{2}{3} m_l L_l^2 + 2m_p L_e^2 + \\
& (m_l + 2m_p) L_u L_l \big[\cos\theta_u \cos(\theta_u + \theta_l) + \sin\theta_u \sin(\theta_u + \theta_l) \big] \Bigg) \dot{\theta}_u \dot{\theta}_l
\end{aligned}
\tag{3.12}
$$

通过假设 $\sin\theta_u = \sin(\theta_u + \theta_l) = 0, \cos\theta_u = \cos(\theta_u + \theta_l) = 1$,将模型线性化:

$$
\begin{aligned}
T = \frac{1}{2} \Bigg(& \frac{1}{3} m_u L_u^2 + m_l L_u^2 + m_p L_u^2 + \frac{1}{3} m_l L_l^2 + m_p L_l^2 + (m_l + 2m_p) L_u L_l \Bigg) \dot{\theta}_u^2 + \\
& \frac{1}{2} \Bigg(\frac{1}{3} m_l L_e^2 + m_p L_e^2 \Bigg) \dot{\theta}_l^2 + \frac{1}{2} \Bigg(\frac{2}{3} m_l L_l^2 + 2m_p L_e^2 + (m_l + 2m_p) L_u L_l \Bigg) \dot{\theta}_u \dot{\theta}_l
\end{aligned}
\tag{3.13}
$$

系统的势能由手臂的重力势能和关节的弹性势能组成：

$$U = U_G + U_s \tag{3.14}$$

$$U_G = m_u g \frac{L_u}{2}(1 - \cos\theta_u) + (m_l + m_p)gL_u(1 - \cos\theta_u) +$$

$$m_l g \frac{L_l}{2}(1 - \cos(\theta_l + \theta_u)) + m_p gL_l(1 - \cos(\theta_l + \theta_u)) \tag{3.15}$$

$$U_s = \frac{1}{2}k_u\theta_u^2 + \frac{1}{2}k_l\theta_l^2 \tag{3.16}$$

将式(3.12)、式(3.14)代入式(3.3)中：

$$\frac{\mathrm{d}}{\mathrm{d}t}\left(\frac{\partial T}{\partial \dot\theta_u}\right) - \frac{\partial T}{\partial \theta_u} + \frac{\partial U}{\partial \theta_u} = -C_u\dot\theta_u \tag{3.17}$$

$$\frac{\mathrm{d}}{\mathrm{d}t}\left(\frac{\partial T}{\partial \dot\theta_l}\right) - \frac{\partial T}{\partial \theta_l} + \frac{\partial U}{\partial \theta_l} = -C_l\dot\theta_l \tag{3.18}$$

得到系统的运动方程：

$$\begin{bmatrix} m_{11} & m_{12} \\ m_{21} & m_{22} \end{bmatrix}\begin{bmatrix} \ddot\theta_u \\ \ddot\theta_l \end{bmatrix} + \begin{bmatrix} C_u & 0 \\ 0 & C_l \end{bmatrix}\begin{bmatrix} \dot\theta_u \\ \dot\theta_l \end{bmatrix} + \begin{bmatrix} k_{11} & k_{12} \\ k_{21} & k_{22} \end{bmatrix}\begin{bmatrix} \theta_u \\ \theta_l \end{bmatrix} = \begin{bmatrix} F_u \\ F_l \end{bmatrix} \tag{3.19}$$

式中

$$m_{11} = \left(\frac{1}{3}m_u + m_l + m_p\right)L_u^2 + \left(\frac{1}{3}m_l + m_p\right)L_l^2 + (m_l + 2m_p)L_uL_l \tag{3.20}$$

$$m_{12} = m_{21} = \left(\frac{1}{3}m_u + m_l + m_p\right)L_l^2 \tag{3.21}$$

$$m_{22} = \frac{1}{2}\left[\left(\frac{2}{3}m_l + 2m_p\right)L_l^2 + (m_l + 2m_p)L_uL_l\right] \tag{3.22}$$

$$k_{11} = \left(\frac{1}{2}m_u + m_l + m_p\right)gL_u + \left(\frac{m_l}{2} + m_p\right)L_lg + k_u \tag{3.23}$$

$$k_{12} = k_{21} = \left(\frac{m_l}{2} + m_p\right)L_lg \tag{3.24}$$

$$k_{22} = \left(\frac{m_l}{2} + m_p\right)L_lg + k_l \tag{3.25}$$

在 M 矩阵可逆的前提下，得到系统的状态的方程：

$$\begin{bmatrix} m_{11} & m_{12} \\ m_{21} & m_{22} \end{bmatrix} \begin{bmatrix} \ddot{\theta}_u \\ \ddot{\theta}_l \end{bmatrix} = -\begin{bmatrix} C_u & 0 \\ 0 & C_l \end{bmatrix} \begin{bmatrix} \dot{\theta}_u \\ \dot{\theta}_l \end{bmatrix} - \begin{bmatrix} k_{11} & k_{12} \\ k_{21} & k_{22} \end{bmatrix} \begin{bmatrix} \theta_u \\ \theta_l \end{bmatrix} + \begin{bmatrix} F_u \\ F_l \end{bmatrix} \qquad (3.26)$$

3.3　外骨骼机器人设计标准

　　传统的中风康复治疗主要是医护人员根据中风患者的受损程度,协助患者完成上肢的各种关节训练运动为主。在康复训练过程中,医务人员通过观察患者的关节运动情况,适时调整训练的强度和速度。随着我国逐渐步入老龄化社会,中风患者的绝对数量增长速度与医疗资源增加的速度不成比例,大多数中风患者不能得到医生一对一的辅助训练。使用康复训练机器人辅助患者进行康复治疗不仅可以解决我国医疗资源不足的难题,同时也解决了由于体力原因,医生协助患者训练的时间受到限制的问题,使患者的患侧上肢可以得到充分的训练。

　　本书设计的上肢外骨骼康复训练机器人是一种多用途机器人,不仅可以帮助中风患者进行康复训练,也可以作为助力装置给轻度中风患者提供上肢运动所需的辅助力量,通过配置不同的应用程序来满足不同的需求。根据上述分析,本书设计的上肢外骨骼康复训练机器人应该遵循以下设计标准。

　　(1) 能够协助患者进行单关节和多关节的活动训练,可以为机器人预先导入经典康复轨迹,患者在机器人的帮助下完成经典康复训练。针对一些具有一定移动能力的轻度中风患者,为其提供辅助力,帮助患者完成主动意识下的动作训练,同时可以对机器人进行力量、运动速度和范围的调节。

　　(2) 机器人的机械结构尽量简单,在满足强度的前提下,缩减结构尺寸与重量,以便患者随身穿戴使用。

　　(3) 上肢外骨骼康复训练机器人机械结构的尺寸应该具有可调性,针对不同身材的患者具有兼容性,满足大多数患者的使用要求,扩大机器人的适用范围。

　　(4) 本书设计的上肢外骨骼康复训练机器人与患者有直接的身体接触,康复机器人的使用对象是人,必须确保在任何时刻康复机器人都不会给使用者造成伤害,应采用下述的安全方案保护使用者的人身安全。

　　① 机械结构的安全设计,在机器人活动关节处采用机械硬限位的方法,确保即使机

器人在失去控制的情况下,也不会伤害患者。

② 控制系统的安全设计,控制器具有电流检测功能,确保系统运行过程中不会过电流,同时具有检测系统是否处在失控、超调、超速的状态,针对系统的异常状况具有相应的处理机制。

③ 断电保护安全设计,当以上两种保护方案失效或者系统出现其他不可预见的状况时,系统可以自动切断电源,实现安全的要求。

3.4　可穿戴外骨骼康复训练机器人的机械结构设计

外骨骼康复训练机器人的机械结构设计将直接影响整个系统的性能,为了设计出结构合理、操作方便的可穿戴式上肢外骨骼康复训练机器人,需要考虑康复训练机器人的目标人群、机器人的重量限制、舒适程度以及是否符合人体工程学等因素,并利用人机学设计原理设计出结构可调的上肢外骨骼康复训练机器人[78]。

3.4.1　目标人群的身材尺寸

人体测量学通常使用人体各个关节之间的肢体长度来描述人体的尺寸,不同性别、年龄、种族和体型的人,其各个关节之间肢体的长度存在明显区别。Drillis 和 Contini 建立了人体身高与各个关节之间肢体长度的关系函数[79],如图 3.5 所示(H 表示身高)。图中的数据是通过对大量样本进行测量后得到的平均值。利用 Drillis 和 Contini 建立的函数,通过测量人体的身高来大致估计人体各个关节之间肢体的长度,为上肢外骨骼康复训练机器人的尺寸设计提供参考。

上肢外骨骼康复训练机器人的适用性是整个设计环节中需要考虑的关键因素之一。换言之,可穿戴的上肢外骨骼康复训练机器人应该适合不同体重、身高的中风患者使用,机器人在结构设计中需要考虑身材兼容性的问题,机器人的结构尺寸针对不同的使用者可以进行相应的调节。而人体上肢长度以及重心位置不仅跟人的身高体重相关,也会随着人年龄的增大而变化,因此在设计过程中,不仅需要考虑使用者的身高体重还需考虑使用者的年龄。在本节中,将设置目标人群的年龄范围进而得到与年龄相关的其他后续参数。研究表明,普通人在 55 岁以后年龄每增长 10 岁中风的风险会增加一倍,因此将目标人群年龄范围设定在 50～80 岁是最具有针对性的。表 3.2 和表 3.3 给出了目标人群

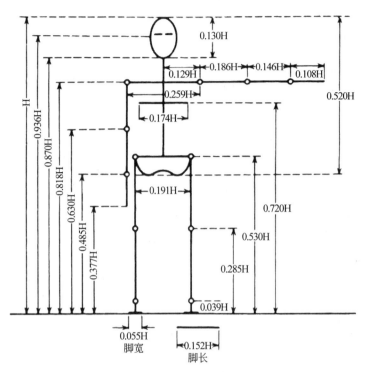

图 3.5　人体身高与各个关节之间肢体长度的关系

的身高和体重范围,50～80 岁的中风患者体重范围为 62～114.3kg,身高范围为 161.3～186.8cm。因此,设计的上肢外骨骼康复训练机器人结构尺寸的调节范围应该在上述身高与体重范围内。

表 3.2　中风患者不同年龄阶段的体重　　　　　　　　　（单位：kg）

年龄	平均值	百 分 位 数								
		5th	10th	15th	25th	50th	75th	85th	90th	95th
50～59 岁	86.0	63.4	68.2	72.0	75.7	84.1	94.0	100.7	105.3	114.3
60～69 岁	83.1	61.1	64.5	67.7	72.8	82.4	92.5	98.4	102.0	107.3
70～79 岁	79.0	58.5	62.0	64.2	68.8	77.9	87.0	93.5	95.1	103.3

表 3.3　中风患者不同年龄阶段的身高　　　　　　　　　　（单位：cm）

年　龄	平均值	百 分 位 数								
		5th	10th	15th	25th	50th	75th	85th	90th	95th
50～59 岁	175.7	164.5	167.1	168.5	171.1	176.0	180.2	182.5	184.0	186.8
60～69 岁	174.1	162.1	165.2	167.3	169.6	174.3	179.0	181.4	183.0	184.1
70～79 岁	171.9	161.3	163.4	164.6	167.1	171.9	176.4	179.1	180.4	183.5

根据上肢外骨骼康复训练机器人目标人群的身高与体重范围,可以确定上肢外骨骼康复训练机器人的结构尺寸以及可调范围,如表 3.4 所示。图 3.6 展示了根据表 3.4 提供的数据绘制的上肢外骨骼康复训练机器人的结构尺寸以及可调规范。

表 3.4　机器人结构尺寸以及可调范围

	肩膀到臂部	肩膀到肩膀	肩膀到肘部	肘部到手
以身高为变量的长度函数(H 函数)	0.288H	0.258H	0.168H	0.254H
上肢长度范围/cm	46.5～53.8	41.3～48.2	27.1～31.4	40.9～47.4
质心到身体近端的距离/cm	—	—	11.8～13.7	27.9～32.3

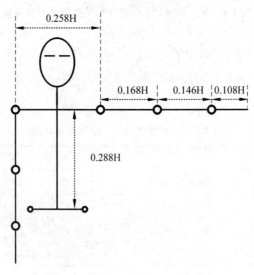

图 3.6　机器人结构尺寸可调范围

3.4.2　上肢外骨骼康复训练机器人机械本体设计

从解剖学的角度出发,可以将人体分为矢状面、冠状面和横切面[80]。本书设计的上肢外骨骼康复训练机器人主要关注上臂绕肩关节在人体矢状面上的旋转运动以及小臂绕肘关节在人体矢状面上的旋转运动,通过将患者的肩关节、肘关节以及腕关节依附在机器人的机构上完成上述运动,患者的手臂在运动过程中会失去部分自由度。

本书设计的上肢外骨骼康复训练机器人是由两个独立的扭绳驱动关节组合而成,每个扭绳驱动关节具有一个自由度,分别对应上肢肩关节与肘关节的外展与内收。人体上肢的肩关节和肘关节随着机器人安置在肩关节与肘关节处的驱动滑轮的转动在矢状平面内进行外展和内收运动,如图 3.7 所示。

图 3.7　上肢外骨骼康复训练机器人示意图

设计之前,应该明确机器人在完成康复训练的过程中需要提供给患者的辅助力大小的范围。上肢外骨骼康复训练机器人提供辅助力的大小是选择驱动器的重要参考因素,根据表 3.2 和表 3.3 中提供的患者身高与体重的比例关系,可以总结出康复机器人目标人群的上肢质量与转动惯量范围,如表 3.5 所示。

表 3.5　目标人群上臂与小臂的质量和转动惯量范围

	上　　臂	前臂和手
质量/kg	1.7360～3.2004	1.3640～2.5146
转动惯量/(kg·m²)	0.0132～0.0327	0.0501～0.1240

大多数中风患者康复训练的动作速率非常缓慢,假设机器人运动的加速度可以忽略不计,使用牛顿第一定律对机器人进行静力分析,当患者举起手臂且处于与地面平行的位置时,机器人提供的辅助力取得最大值。当机器人手臂处于图3.8中的状态时,机器人在肩关节和肘关节提供的扭矩应能使上肢保持在水平位置上,图中τ_u和τ_{fh}是机器人在肩关节和肘关节处提供扭矩的值,r_u和r_f是安装在肩关节和肘关节处滑轮的半径大小。应用牛顿第一定律对肘关节进行静力分析,可以得到机器人在肘关节处提供的最大辅助力与上肢质量之间的关系:

$$\tau_{fh} = CG_{fh} m_{fh} g$$
$$F_{ifh} = (CG_{fh} m_{fh} g)/r_f \tag{3.27}$$

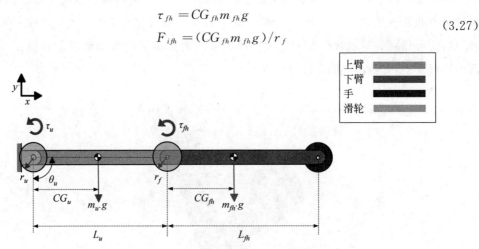

图 3.8　机器人需要产生最大扭矩的位置

式(3.27)中,CG_{fh}表示小臂的质心和肘关节之间的距离,同样应用牛顿第一定律对肩关节进行静力分析,可以得到机器人在肩关节处提供的最大辅助力与上肢质量之间的关系:

$$F_{iu} = (m_u g CG_u + \tau_{fh})/r_u \tag{3.28}$$

分析式(3.27)和式(3.28),可知机器人在肩关节和肘关节处提供辅助力的最大值与机器人在肩关节和肘关节处配置的滑轮半径的尺寸成反比关系,采用较大半径的滑轮可以减少机器人辅助力的输出,但是由于机器人的尺寸限制,不宜采用半径过大的滑轮。为了使康复训练机器人适用于目标人群中的大多数患者,结合3.4.1节介绍的患者人体工程学统计数据,以目标人群肩关节和肘关节的平均尺寸作为参考,最终确定安置在肩关节和肘关节处滑轮的直径为2in或者3in,关节较小的患者可以使用直径2in的滑轮,一般患者采用直径为3in的滑轮。将表3.5中的数据代入式(3.27)与式(3.28)中,计算出机器人输出力的范围,通过输出力的范围并结合第 2 章中扭绳驱动的模型,决定使用线缆的长度与配置方式以及用来扭转线缆的直流电机的规格。上肢外骨骼康复训练机器人的可调整伸缩结构是通过外杆和内杆相结合来实现的。内杆和外杆通过彼此之间的相对滑动来改变机器人的结构尺寸,根据实际使用中患者调整好机器人的结构尺寸后,用螺栓固定内杆和外杆。本书设计的上肢外骨骼康复训练机器人针对的目标人群为年龄在 50~80 岁,身高在 161~186cm 的中风患者。根据使用对象的身高和年龄,机器人需要提供的静止辅助力范围如表 3.6 所示。

表 3.6　机器人需要提供的静止辅助力范围

F_{iu}/N	F_{ifh}/N
30.1460~64.4037	19.5971~41.8243

机器人可调整伸缩结构的 SolidWorks 模型,如图 3.9 所示。

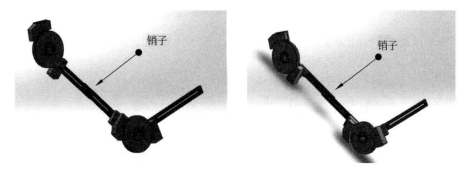

图 3.9　机器人可调整伸缩结构

由于扭绳驱动器通过扭转线缆产生沿电机轴向的拉力,只能单向直线驱动,为了使患者在康复训练的过程中扭绳驱动关节可以进行双向运动,上肢外骨骼康复训练机器人在肩关节和肘关节安置的滑轮分别各连接了两条扭转线缆,采用双端反向对拉驱动方式,一个扭绳驱动器作为主动端,另一个作为从动端,二者相互配合带动驱动关节转动进而协助患者的肘关节或者肩关节在人体矢状平面内进行远离躯干的外展运动或者靠近躯干的内收运动,如图 3.10 所示。

将根据解剖学确定的人体肩关节与肘关节外展、内收运动的范围与观察到的中风患者的真实康复训练过程相结合,最终将肩关节的活动范围[81]限定为 0~120°,肘关节的活动范围限定为 0~135°,如图 3.11 所示。为了增加患者穿戴上肢外骨骼康复训练机器人的舒适性,在上臂和小臂的可调节结构部分都安装了类似枕头的棉垫护具和起固定作用的绑带,这样不仅可以保护患者,也可以将患者和上肢外骨骼康复训练机器人紧密连接起来,从而增加患者使用时的舒适度,如图 3.12 所示。

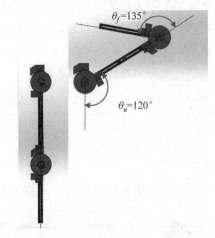

图 3.10　双端对拉扭绳驱动结构　　　　图 3.11　机器人肩关节和肘关节运动范围

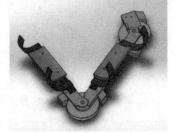

图 3.12　机器人的外观

3.4.3　上肢外骨骼康复训练机器人驱动结构设计

为了减轻机器人驱动关节的重量,扭绳驱动器与驱动关节是分离的,这种设计有利于扭绳驱动器选择不同长度的线缆进行扭转,保证机器人关节的转动范围。由于两者位置分离,扭绳驱动器通过拉动固定在滑轮上的自行车刹车线管来带动关节转动。本书设计的最终目标是机器人可以被使患者在日常生活中穿戴与使用,因此提出一种将机器人需要的扭绳驱动器、电源、控制器等所有设备固定在后背式背带上的轻质设计方案,如

图 3.13 和图 3.14 所示。图 3.13 给出了各个视角后背式背带的示意图,4 个驱动电机被固定在背带的右下方。图 3.14 给出了患者穿着这种后背式背带的效果图。

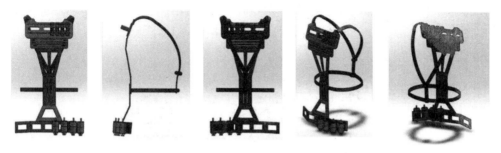

图 3.13　机器人的后背式背带

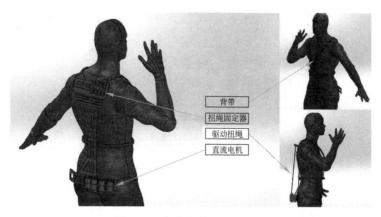

图 3.14　患者穿戴后背式背带

3.4.4　上肢外骨骼康复训练机器人肩部串联结构设计

上肢康复机器人的肩关节如果只能在人体矢状面上作内旋和外旋运动,则患者进行康复训练的类型以及机器人辅助患者进行日常生活运动的种类都会受到限制,因此设计一种可以自然表达肩关节活动的机械结构尤为重要。虽然采用高达 11 自由度的肩关节运动模型可以准确描述肩关节的运动,但也会增加外骨骼机器人的机械设计难度并降低了系统的性价比。为了增加机器人的运动范围以及简化机械结构的复杂度,采用目前比较流行的万向节肩关节设计[82],半封闭的球形关节结构,采用双翼外置的方式固定在肩胛骨和肩膀外侧。本书设计的机器人旨在帮助患者可以进行必要的日常生活活动,例如吃饭、拿水杯、喝水等,为了使机器人的结构紧凑、质量轻,本书将普遍采用的三自由度万向节设计简化成二自由度,万向节式的肩关节连接了上肢外骨骼机器人结构本体与后背式背带,够成完整的上肢外骨骼康复训练机器人系统,如图 3.14 所示。图 3.15 给出上肢外骨骼康复训练机器人的最终设计,利用 SolidWorks 展示了患者穿戴上肢外骨骼康复训练机器人的多角度视图。

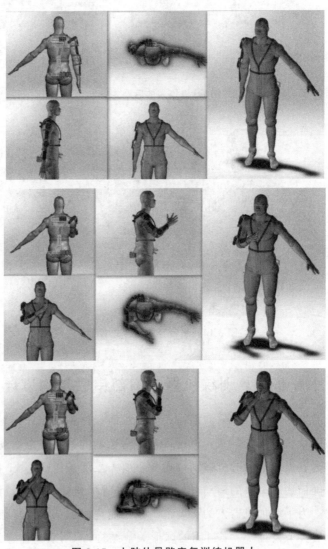

图 3.15   上肢外骨骼康复训练机器人

3.5　本章小结

　　本章主要以上肢康复外骨骼机器人为例,介绍如何根据人体的人体上肢结构和设计需要,进行上肢外骨骼康复训练机器人的机械结构设计。本章设计了一种采用扭绳驱动的二自由度上肢外骨骼康复训练机器人。扭绳驱动电机被后置于背包,利用扭绳传递运动和力,减小上肢外骨骼康复训练机器人的自重和关节惯量,提高负载自重比。通过对扭绳传动方式的选择,伺服电气系统的搭建,完成了试验样机研制,样机运行状况正常良好。结合扭绳驱动机器人的结构及运动特点,完成了二自由度的机械臂运动学建模。

第 4 章
外骨骼机器人控制研究

上肢外骨骼康复训练机器人与普通的工业机器人在控制方面有很多相似的地方,但由于康复机器人的使用对象是中风患者,因此安全性和稳定性是机器人实现其他控制目标的基础。上肢外骨骼康复训练机器人将机器人轨迹跟踪和人机协调性作为系统的主要控制目标。

4.1　上肢外骨骼机器人单轴控制

由于扭绳驱动方式只能产生沿电机轴向的拉力,电机反转解开扭绳时并不能产生沿轴向的舒张力,因此只能实现单向驱动。根据对中风患者康复过程的观察发现,当患者的肘关节转过一定的角度,例如将手举到胸前的过程,由于中风患者的手臂肌肉缺少伸缩性,患者只能依靠自身的重力或在外力的帮助下回到初始位置。为了使患者的手臂可以在机器人的帮助下回到初始位置,上肢外骨骼康复训练机器人的肩关节和肘关节需要驱动器可以同时提供拉力和舒张力。为了解决扭绳驱动方式单向驱动的缺陷,本书设计将一组两个扭绳驱动器同时连接在机器人的活动关节上,通过两个扭绳驱动器之间的双端反向对拉运动为机器人活动关节提供拉力和舒张力[83],从而使康复训练机器人可以为患者提供更为多样的康复运动,双端反向对拉结构如图 4.1 所示。

如图 4.1 所示,扭绳驱动关节是两个扭绳驱动器相互耦合在一起的双输入单输出MISO 系统。通常使用解耦合设计为 MISO 系统设计控制器[84],首先将图 4.1 中的扭绳驱动关节分解成两个单输入单输出系统(SISO),然后再为每个单独的系统设计相应的控制器。如果一个子系统的扰动不会对另外一个子系统产生影响,解耦合设计是方便和可行的。在本书设计的上肢外骨骼康复训练机器人系统中,当一个电机扭转线缆产生沿电机轴向的拉伸力和线性位移时,另外一个电机应该解开线缆并释放与扭转线缆产生的相同的线性位移。如果在外部干扰下,扭绳驱动关节两端的扭绳驱动器没有产生相同的线

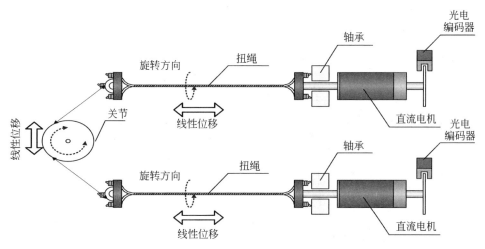

图 4.1　扭绳驱动关节双端反向对拉结构

性位移,不仅系统的整体性能会下降,而且线缆也有可能因此受到不可逆的物理损伤。

4.1.1　系统建模

在为扭绳驱动器设计控制器之前,必须对系统有一定的了解,并对估测的系统进行适当的分析和设计,缺乏对系统的分析就直接加以控制处理,往往无法获得良好的控制效果,甚至会造成控制失败。由于上肢外骨骼康复训练机器人扭绳驱动关节是由图 4.2所示的两个相同的子系统组成的,因此可以对每个子系统单独进行系统鉴别,然后再将单独的子系统合并在一起构成完整的扭绳驱动关节系统。由图 4.1 可知,扭绳驱动器是由直流电机和扭转线缆串联在一起共同构成的,传递函数可以由直流电机的传递函数乘

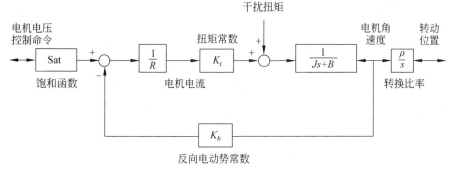

图 4.2　扭绳驱动器模型结构图

以扭转线缆的传递函数得到,如图 4.2 所示。从简化系统的复杂性角度出发,假设电动机电流驱动电路响应速度足够快,可以将电动机驱动电路从系统的结构框图中忽略[85],表 4.1 给出了图 4.2 中符号的物理意义。

表 4.1　扭绳驱动器模型参数

符　　号	物理意义	符　　号	物理意义
J	电机转动惯量	K_t	电机转矩常数
B	黏性摩擦系数	K_b	电机反向电动势常数
R	电机电枢电阻	ρ	扭绳传递系数

4.1.2　直流电机传递函数

直流电动机在忽略其微小的电枢电感 L 的情况下,可以看成是一个典型的一阶系统。该系统的传递函数是一个典型的惯性环节。当控制直流电动机的输入为电枢电压 U,输出为直流电动机转轴转速 n 时,根据图 4.2 扭绳驱动器模型结构示意图,合并图中各项得到直流电机的传递函数:

$$G_1(s) = \frac{K_0}{1 + \tau s} \tag{4.1}$$

式中

$$K_0 = \frac{K_t}{BR + K_t K_b}, \quad \tau = \frac{JR}{BR + K_t K_b} \tag{4.2}$$

式中,K_0 和 τ 的值需要通过实验来测得。通过测量电机在不同频率和相位的正弦波电压输入信号下的稳态响应,绘制出直流电机的伯德图,对伯德图的 Corner Frequency 和斜率的分析得到直流电机传递函数中的各个参数值是一种被广泛应用的系统鉴别方法[86],如图 4.3 所示。将正弦电压信号输入到待鉴别直流电机并检测频率相同、幅度和相位不同的直流电机转速输出。通过改变输入正弦电压信号的频率,绘制出系统的伯德图,从而计算出 K_0 和 τ 的值。直流电机系统通常都会具有非线性特征并以不同的形式表现出来,本书采用的直流电机由于内置了减速齿轮而具有明显的死区效应,在实验过程中,为了确保电机运行在死区之外,需要对输入正弦电压信号加入偏移量。

具体实验过程中,使用线性调频的方法产生输入正弦电压信号,利用安装在电机转动轴上的光电编码器取得电机的位置信息,对位置信息进行微分得到电机的转速。使用

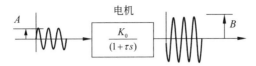

图 4.3　频率响应的系统鉴别方法示意图

MATLAB Simulink System Identification 工具箱对输入、输出数据分析,得到直流电机的伯德图、传递函数以及传递函数中未知参数的数值[87]。图 4.4 和图 4.5 分别给出了直流电机在线性调频下的输出响应与伯德图。表 4.2 给出了直流电机一阶传递函数中未知参数 K_0 和 τ 的值,参数的准确性对整个控制系统的动态性能与稳态精度具有非常重要的意义,分别给直流电机阶跃输入信号与正弦输入信号,通过对比直流电机实际测量的阶跃、正弦响应与仿真结果来衡量参数的准确性。

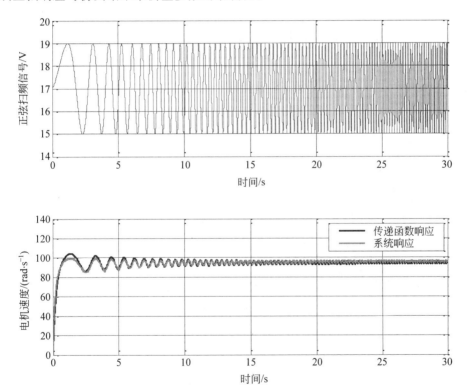

图 4.4　直流电机的输入与输出

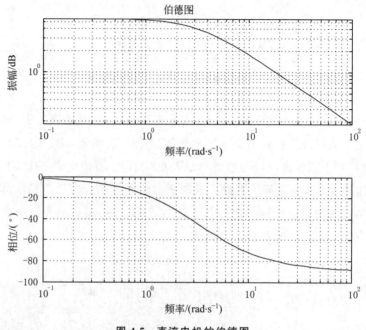

图 4.5　直流电机的伯德图

表 4.2　直流电机传递函数参数值

K_0	τ
5.5906	0.304 23

　　如图 4.6 所示,系统阶跃响应和正弦响应仿真曲线非常接近系统的实际输出响应,因此采用一阶系统和上述 K_0 和 τ 的值可以较为准确地描述直流电机的动态模型。

4.1.3　扭绳传递函数

　　由第 2 章建立的扭绳驱动方式理论模型与实验结果分析可以得知,扭绳扭转产生的直线线性位移与驱动电机转动角度之间的关系是非线性的,并且输出和输入之间的关系在很长的时间范围内持续变化,因此扭绳驱动器的模型较为复杂,以至于很难用简单的一阶或二阶系统来准确描述该系统。虽然扭绳驱动方式的非线性特性较为明显,但在特定的运行范围和条件下,可以对扭绳驱动器进行近似线性化处理。为了确保采用扭绳驱动方式的上肢外骨骼康复训练机器人的运动较为平滑同时减少控制器设计的复杂度,

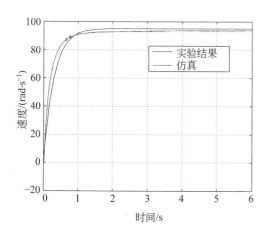

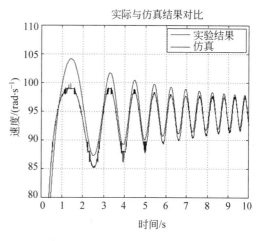

(a) 直流电机阶跃响应下模型仿真结果和实验数据对比　　(b) 直流电机正弦响应下模型仿真结果和实验数据对比

图 4.6　直流电机模拟仿真结果与实验对比

扫码看彩图

也希望扭绳驱动器能够运行在一个近似线性的范围内,可以通过在机器人正式使用前预先转动扭绳,使扭绳的操作范围远离非线性区域,近似为线性系统。第 3 章中设计的上肢外骨骼康复训练机器人肩关节和肘关节旋转角度分别为 $0°\sim120°$ 和 $0°\sim135°$,驱动关节滑轮的直为 3in,如图 4.7 所示,扭绳驱动器需要提供的线性位移的最大值可以由圆弧长度计算公式求出:

$$L_{max} = \theta_{max}R \tag{4.3}$$

式中,L_{max} 代表扭绳驱动器提供的线性位移长度的最大值;θ_{max} 是驱动关节旋转角度的最大值;R 是机器人肘关节和肩关节滑轮的半径。根据第 2 章对扭绳驱动方式的力学分析与实验结果可知,随着电机转动圈数的增加,线缆之间的静摩擦力也会随之增加,电机需要产生更多的扭矩去克服线缆之间的静摩擦力。而驱动机构的传动效率随着电机转动圈数的增加而减少,因此应该避免扭绳驱动器在运行过程中电机转动的圈数过大。

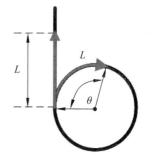

图 4.7　线性位移与转动角度之间的关系

为了确保扭绳驱动器的操作范围远离线缆发生自我缠绕的临界点,并补偿预先转动扭绳过程中损失的线性位移,将式(4.3)计算得到的最大线性位移的 1.5 倍代入式(2.10),得到扭绳驱动器扭转线缆的长度为 50cm。利用第 2 章寻找扭绳驱动近似线性范围的算法,寻找出扭绳驱动器近似线性的操作空间与线缆需要预先扭转的圈数,如图 4.8 所示。

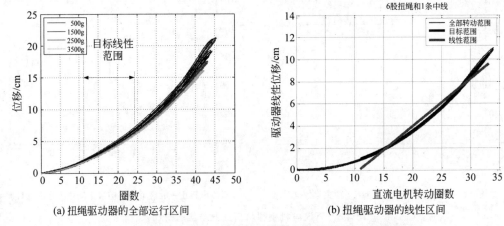

图 4.8　扭绳驱动器电机转动圈数与驱动器产生线性位移的关系

分析图 4.8 中寻找到的近似线性空间,将运行在此范围内的扭绳驱动器的传递函数近似为

$$G_2(s) = \frac{\rho}{s} \tag{4.4}$$

式中,ρ 是对图 4.8(b) 中选定区间进行线性回归得到的直线方程的斜率,ρ 的值为 0.426。合并 $G_1(s)$ 与 $G_2(s)$,得到扭绳驱动关节单端扭绳驱动器的传递函数:

$$G(s) = \frac{2.7953}{s(1 + 0.304\,23)} \tag{4.5}$$

4.2　双端反向对拉扭绳驱动器的初始化

根据第 2 章对扭绳驱动方式的研究和分析,为了使采用扭绳驱动方式的上肢外骨骼康复训练机器人运动平滑、控制精确,需要先将扭绳预先扭转到选定的近似线性范围,然后再进行操作。但即使是同型号、同批次的电机和驱动电路也会存在差异,因此在预先扭转的过程中,通过给两组扭绳驱动器相同大小的电压信号,并不能保证电机扭转线缆的速度一致。如果双端反向对拉驱动的两端扭绳驱动器预先扭转的范围不一致,其输出

响应会有明显的差别,因此本节设计一个初始化校正程序,使两端扭绳驱动器预先扭转到相同的范围,在预先扭转的过程中,加入同步控制器,确保两端扭绳驱动器的步调一致。预先扭转程序的结构图如图 4.9 所示。

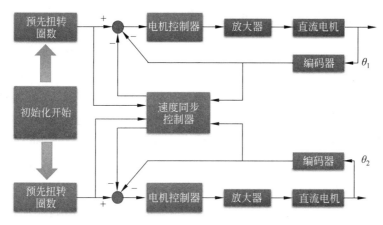

图 4.9 双端方向对拉扭绳驱动器预先扭转校正程序结构图

图 4.10 给出了双端方向对拉扭绳驱动器初始化过程中,两端扭绳驱动器的电机转速以及转动圈数的对比,两端扭绳驱动器的电机转速和转过圈数在预先扭转过程中均较好地达到了同步控制的要求。

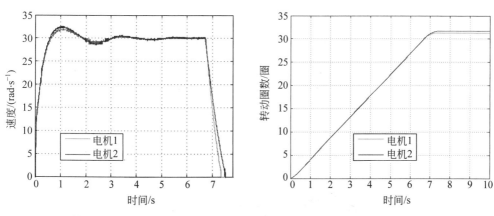

(a) 两端扭绳驱动器电机转速对比   (b) 两端扭绳驱动器电机转动圈数对比

图 4.10 Pre-twist 校正程序过程中两端电机转速与转过圈数对比

扫码看彩图

4.3   扭绳驱动关节同步控制研究

4.3.1   扭绳驱动关节同步系统实验装置

图 4.11 是本书搭建的扭绳驱动关节同步实验平台,由两个结构相同的扭绳驱动器和放置在实验平台底部的滑轮组成。直流电机(Pololu 12V,19∶1 Gear Motor)是扭绳驱动关节同步系统的驱动元件,由两个 L298 H-bridge 驱动,西域 WYZ 拉线位移传感器用来检测两端扭绳驱动器的线性位移和速度。拉线位移传感器的测量精度为 0.002mm。扭绳驱动关节的转动角度通过 Avago HEDS-5500 光电编码器获得,角度测量精度为 0.9°。传感器信号的读取与控制命令的输出通过 MATLAB xPC Target 实时控制系统完成。控制算法代码由 MATLAB xPC Target Host PC 生成,通过以太网与 MATLAB xPC Target Client PC 进行通信,完成扭绳驱动关节同步系统的实时控制。图 4.12 是扭绳驱动关节实验平台原理图。

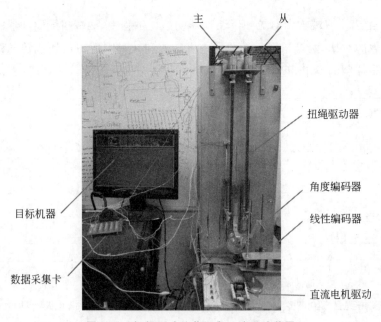

图 4.11   扭绳驱动关节同步系统实验装置

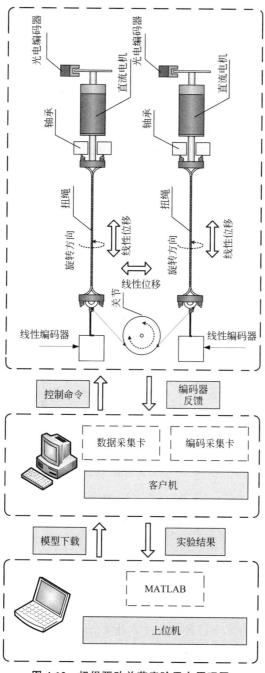

图 4.12　扭绳驱动关节实验平台原理图

扭绳驱动关节的转动是依靠两端扭绳驱动器协调运动实现的,如图 4.13 所示,扭绳驱动关节的运动精度同两端扭绳驱动器的协调运动是息息相关的,如果单端扭绳驱动器产生的误差只由其自身的控制器去纠正,另一端的扭绳驱动器对此误差并不做出反应,扭绳驱动关节会因两个扭绳驱动器之间缺少同步协调而导致其运动精度降低。在某些康复训练过程中,需要肩关节或者肘关节保持在某个位置上一段时间,如果两端扭绳驱动器提供的线性位移近似相等,如图 4.13 中的 A 点、B 点的关系,这样即使单端扭绳驱动器与目标轨迹之间存在误差,仍能将驱动关节固定在 O 点位置。但当两端扭绳驱动器之间缺少同步协调时,彼此之间提供的线性位移偏差较大,如图 4.13 中线段 A' 点和 B' 点的关系,关节将从 O 点位置移动到 O' 点,驱动关节的位置会发生漂移和振动(a)→(b)。当康复机器人肩关节和肘关节同时运动时,两个关节之间的同步误差与单一关节的两端扭绳驱动器之间的同步误差叠加会导致上肢外骨骼康复训练机器人实际的运动轨迹非常不自然。为了避免或减少驱动关节位置的偏移与振动,保护患者安全,有必要在控制器的设计过程中融入同步控制策略。

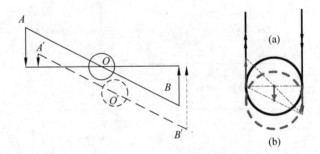

图 4.13   扭绳驱动关节位置的偏移

目前比较流行的同步控制策略主要有 3 种:同等控制、主从控制和交叉耦合控制。主从控制方式,是指在控制多个需要同步的运动对象时,假定其中一个对象的输出为目标输出,系统中的其余运动对象跟踪它的输出从而实现多运动对象之间的同步[88,89]。由于主从之间的运动存在延迟,这种同步策略多适用于系统中需要控制的对象动态性能差异明显,但是本书设计的扭绳驱动关节两端采用的扭绳驱动器动态性能基本一致,因此这种同步控制策略不适合本书设计的扭绳驱动关节。

接下来两节将介绍针对系统中被控对象动态性能近似的两种控制策略:同等控制策略和交叉耦合控制策略,并通过具体实验对比两种同步控制策略的控制效果。

4.3.2　扭绳驱动关节同等控制策略研究

由于扭绳驱动关节两端的扭绳驱动器结构基本一致,扭绳驱动关节在转动过程中,两端扭绳驱动器分别产生大小相同的收缩与拉伸位移,因此可以采用同等控制的方法来实现两端扭绳驱动器的同步。其优点是将两端扭绳驱动器作为独立运动对象单独控制,不考虑其相互间的作用力,在理想状态下,系统的调整时间短,并且动态稳定性与同步精度也比较容易保证。

同等控制同步策略是采用相同的两个控制器对扭绳驱动器单独进行位置闭环控制[90],其中左端扭绳驱动器的输入目标轨迹和右端扭绳驱动器的输入目标轨迹信号方向相反、幅值相同。采用经典的 PID 控制方法对两个扭绳驱动器进行位置闭环控制[91],如图 4.14 所示,图中 θ 为机器人驱动关节转动的目标角度;l 为目标角度转换成扭绳驱动器的线性位移长度;e 为当前线性位移与目标线性位移之间的误差。为了验证扭绳驱动关节在同等控制同步策略下目标轨迹的跟踪精度和两端扭绳驱动器的同步精度,分别对两种目标轨迹进行 10 次轨迹跟踪试验。PID 控制器的比例控制器增益设置为 20,积分控制器增益设置为 1.5,考虑到较高增益的微分控制器会造成驱动关节的振动,所以将微分控制器的增益设置为 0.005。由于中风患者的上肢不能进行速度过快、幅度过大的运动,所以选择周期为 4s、幅值为 6cm 的正弦轨迹与周期为 8s、幅值为 4cm 的梯形轨迹作为测试的目标轨迹,实验结果如图 4.15 和图 4.16 所示。

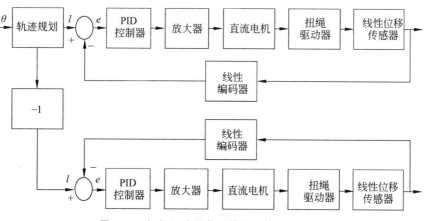

图 4.14　扭绳驱动关节同等控制策略结构图

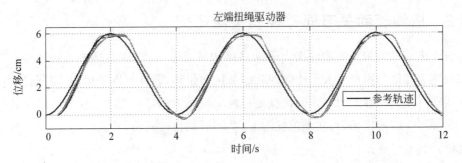

(a) 左端扭绳驱动器的轨迹跟踪(正弦轨迹)

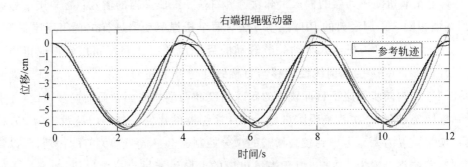

(b) 右端扭绳驱动器的轨迹跟踪(正弦轨迹)

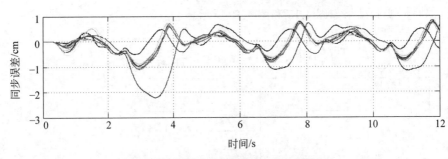

(c) 两端扭绳器同步位移的偏差(同等控制策略)

图 4.15　同等控制策略下扭绳驱动关节跟踪正弦轨迹的误差

扫码看彩图

　　理论上,当扭绳驱动关节左右两端扭绳驱动器采用相同的控制器时,扭绳驱动器产生的线性位移应该大小相同、方向相反,但实际情况并非如此,由于驱动关节两端的扭绳驱动器之间存在耦合现象,彼此互相影响,并且驱动关节两端的扭绳驱动器总是处在相反的运动状态,扭绳驱动器扭转线缆和解开线缆时,线缆之间的存在的摩擦力大小不同,这些因素不仅会导致系统的目标轨迹跟踪精度差还会影响系统的性能。图 4.15 和图 4.16 分别是扭绳驱动关节左右两端扭绳驱动器跟踪幅值为 60mm、频率为 0.25Hz 的正弦曲线和幅值为 40mm、频率为 1/6Hz,斜率为 2 的梯形曲线的目标轨迹跟踪曲线与同步误差曲线。由于两端扭绳驱动器之间的输出不同,驱动器之间的相互作用会使系统的瞬态跟踪性能恶化,如图 4.15(a)、图 4.15(b)与图 4.16(a)、图 4.16(b)所示,驱动关节两端的扭绳驱动器都出现了超调量过大、同步调整时间长等现象,上述现象严重时可能会造成系统失稳甚至卡死。由图 4.15(c)与图 4.16(c)可知,两端扭绳驱动器目标轨迹与实际轨迹之间的误差最大值、驱动器之间同步误差的最大值均出现在扭绳驱动关节发生转动换向时。

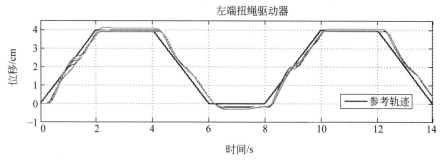

(a) 左端扭绳驱动器的轨迹跟踪(梯形轨迹)

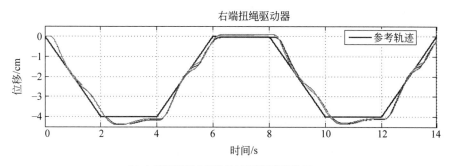

(b) 右端扭绳驱动器的轨迹跟踪(梯形轨迹)

图 4.16　同等控制策略下扭绳驱动关节跟踪梯形轨迹的误差

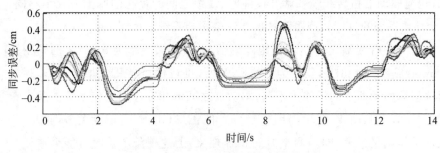

(c) 两端扭绳器同步位移的偏差(同等控制策略)

图 4.16 （续）

4.3.3　扭绳驱动关节的交叉耦合同步控制策略研究

交叉耦合控制是将子系统之间的运动同步误差当作控制指标,对其进行闭环控制,从而达到提高多系统协同运动精度的目的。交叉耦合控制是提高系统同步运动精度、增强系统抗干扰能力的有效控制策略[92-94]。扭绳驱动关节两端的扭绳驱动器跟踪相同的轨迹,两端扭绳驱动器的控制器可以定义为

$$u_i = K_{v_i} v_i + K_{d_i} d_i \tag{4.6}$$

式中,u_i 是反馈系统中控制器的输出;K_{v_i} 和 K_{d_i} 是系统的反馈增益系数;v_i 是扭绳驱动器提供线性位移的速度;d_i 是扭绳驱动器提供的线性位移;i 代表两端的扭绳驱动器。应用现代控制理论的极点配置法,将扭绳驱动关节系统的闭环极点设定在 $p_1 = -10 + j10$、$p_2 = -10 - j10$ 位置[95]并计算相应的 K_{v_i} 和 K_{d_i},如表 4.3 所示。

表 4.3　极点配置法的闭环增益

K_{d_i}	K_{v_i}
25.3165	2.1156

为了降低扭绳驱动关节两端扭绳驱动器之间的同步误差,把交叉耦合同步策略融入式(4.6)的控制策略中,具体步骤是将单端扭绳驱动器的线性位移与两端扭绳驱动器提供的线性位移平均值的差值组成一个耦合误差变量并反馈到单端扭绳驱动器的控制器中[96],通过控制器使耦合误差收敛,进而实现两端扭绳驱动器的目标轨迹跟踪误差和同步误差同时收敛,结构如图 4.17 所示,控制策略被重新定义为

$$u_i = K_{v_i}v_i + K_{d_i}d_i + K_{c_i}(d_i - d_{\mathrm{avg}}) \tag{4.7}$$

式中，d_{avg} 是两端扭绳驱动器提供的线性位移的平均值；K_{c_i} 是交叉耦合同步控制的增益，可以通过改变 K_{c_i} 的大小来调整两端扭绳驱动器耦合误差的收敛速度。交叉耦合增益的选择并没有标准的方法，通常使用 trial-error 方法[97] 人工手动调节 K_{c_i} 的值。为了验证扭绳驱关节在交叉耦合同步控制策略下目标轨迹的跟踪精度和两端扭绳驱动器的同步精度，分别对两种目标轨迹进行 10 次轨迹跟踪实验，其中位移反馈控制增益为 25.3165，速度反馈控制增益为 2.1156，交叉耦合控制的增益为 4。采用与 4.3.2 节同等控制策略中相同的目标测试轨迹，实验结果如图 4.18 和图 4.19 所示。

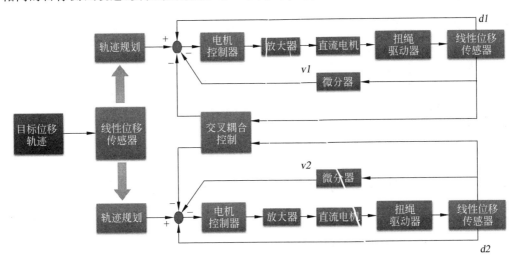

图 4.17　扭绳驱动关节位置交叉耦合同步控制结构图

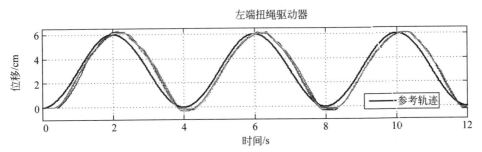

(a) 左端扭绳驱动器的轨迹跟踪(正弦轨迹)

图 4.18　交叉耦合同步策略下扭绳驱动关节跟踪轨迹的误差

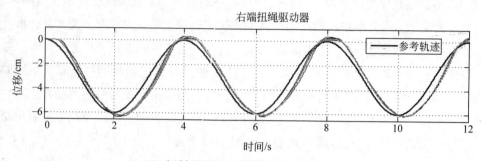

(b) 右端扭绳驱动器的轨迹跟踪(正弦轨迹)

扫码看彩图

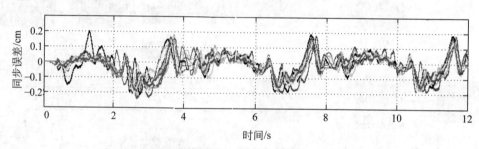

(c) 两端扭绳器同步位移的偏差(交叉耦合同步策略)

图 4.18 （续）

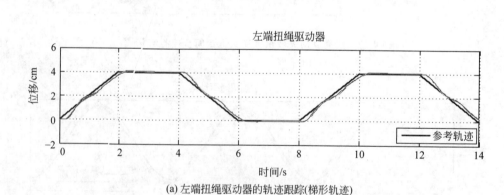

(a) 左端扭绳驱动器的轨迹跟踪(梯形轨迹)

图 4.19　交叉耦合同步策略下扭绳驱动关节跟踪梯形轨迹的误差

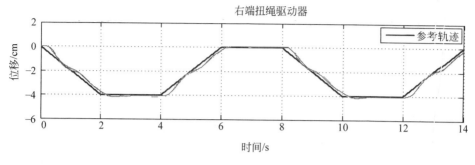

(b) 右端扭绳驱动器的轨迹跟踪(梯形轨迹)

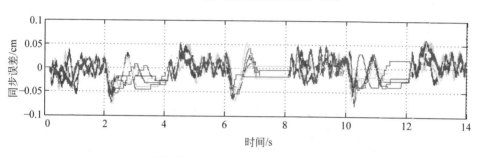

(c) 两端扭绳器同步位移的偏差(交叉耦合同步策略)

扫码看彩图

图 4.19 (续)

图 4.18 和图 4.19 分别是扭绳驱动关节左右两端扭绳驱动器跟踪幅值为 6cm、频率为 0.25Hz 的正弦曲线和幅值为 4cm、频率为 1/6Hz,斜率为 2 的梯形曲线的目标轨迹跟踪曲线与同步误差曲线。将交叉耦合同步策略融入极点配置法后两端扭绳器的最大同步误差为 2.38mm,小于幅值的 3%,由此可见,本节提出的交叉耦合同步策略能够实现扭绳驱动关节两端扭绳驱动器的高精度位置同步。但是由于系统延迟和控制器中积分器的原因,目标轨迹跟踪误差的最大值为 12.712mm,并不理想。

4.3.4 扭绳驱动关节基于 LQR 的优化控制研究

为了在系统给定的约束条件下,使扭绳驱动关节的性能指标取得最优化,采用 LQR 线性优化控制的方法设计控制器。优化控制是现代控制理论的核心,所谓优化控制,就是指在系统完成具体任务的过程中,系统的部分性能指标取得最优值。对于线性系统,性能指标是控制变量和状态变量的二次型函数,对该线性二次型函数进行优化通常称为LQR 优化控制。LQR 优化控制被广泛应用在各类工程领域。经过预先扭转的扭绳驱动器可近似为线性系统,故对扭绳驱动关节应用基于线性二次型的 LQR 优化控制,解决扭绳驱动关节目标轨迹跟踪与扭绳驱动关节两端扭绳驱动器之间的同步问题是完全可行的。

首先通过对扭绳驱动关节两端扭绳驱动器之间耦合关系的分析,将它们融合在一起形成一个整体,融合后的系统状态方程可以表示为

$$d(t) = Ad(t) + Bu(t) \tag{4.8}$$

式(4.8)中,t 是时间;$d(t)$ 和 $u(t)$ 分别是系统的状态和控制器输入;矩阵 A 和 B 的结构为

$$A = \begin{bmatrix} A_{11} & \cdots & A_{1n} \\ \vdots & \ddots & \vdots \\ A_{n1} & \cdots & A_{nn} \end{bmatrix}, \quad B = \begin{bmatrix} B_{11} & \cdots & B_{1n} \\ \vdots & \ddots & \vdots \\ B_{n1} & \cdots & B_{nn} \end{bmatrix} \tag{4.9}$$

式(4.9)中,A_{ii} 和 B_{ii} 分别是两端扭绳驱动器的系统参数,A_{ij} 和 B_{ij} $(i \neq j)$,是扭绳驱动器 i 和扭绳驱动器 j 之间的耦合系数。通过矩阵 A 和 B,可以将 n 个 SISO 系统合并成一个 MIMO 系统[98],假设扭绳驱动关节两端的扭绳驱动器之间的相互作用可以忽略,彼此独立,因此在矩阵 A 和矩阵 B 中,A_{ij} 和 B_{ij} $(i \neq j)$ 都为 0。根据上述分析和 4.1 节中获得的扭绳驱动器传递函数,系统的状态空间方程为

$$\begin{bmatrix} \dot{d}_1(t) \\ \ddot{d}_1(t) \\ \dot{d}_2(t) \\ \ddot{d}(t) \end{bmatrix} = \begin{bmatrix} 0 & 1 & 0 & 0 \\ 0 & -\dfrac{1}{\tau_1} & 0 & 0 \\ 0 & 0 & 0 & 1 \\ 0 & 0 & 0 & -\dfrac{1}{\tau_2} \end{bmatrix} \begin{bmatrix} d_1(t) \\ \dot{d}_1(t) \\ d_2(t) \\ \dot{d}_2(t) \end{bmatrix} + \begin{bmatrix} 0 & 0 \\ \dfrac{\dot{K}_{01}}{\tau_1} & 0 \\ 0 & 0 \\ 0 & \dfrac{K_{02}}{\tau_2} \end{bmatrix} \begin{bmatrix} u_1(t) \\ u_2(t) \end{bmatrix} \tag{4.10}$$

式(4.10)中,τ_1、τ_2、K_{01} 和 K_{02} 分别是扭绳驱动器传递函数中的系数,由于本书设计的扭绳驱动关节两端的扭绳驱动器采用同型号的直流电机并对相同材料和长度的线缆进行扭转,因此 τ_1、τ_2、K_{01} 和 K_{02} 近似相等。将 4.1.3 节中通过实验测得的数据代入式(4.10)中,得

$$\begin{bmatrix} \dot{d}_1(t) \\ \ddot{d}_1(t) \\ \dot{d}_2(t) \\ \ddot{d}_2(t) \end{bmatrix} = \begin{bmatrix} 0 & 1 & 0 & 0 \\ 0 & -3.287 & 0 & 0 \\ 0 & 0 & 0 & 1 \\ 0 & 0 & 0 & -3.287 \end{bmatrix} \begin{bmatrix} d_1(t) \\ \dot{d}_1(t) \\ d_2(t) \\ \dot{d}_2(t) \end{bmatrix} + \begin{bmatrix} 0 & 0 \\ 9.18 & 0 \\ 0 & 0 \\ 0 & 9.18 \end{bmatrix} \begin{bmatrix} u_1(t) \\ u_2(t) \end{bmatrix} \quad (4.11)$$

在进行 LQR 优化设计之前,首先需要验证系统的可控性,系统的可控性矩阵为

$$\mathbf{Ctrl} = [\mathbf{B} \quad \mathbf{AB} \quad \mathbf{A}^2\mathbf{B} \quad \mathbf{A}^3\mathbf{B}]$$

$$\mathbf{Ctrl} = \begin{bmatrix} 0 & 0 & 9.18 & 0 & -25.97 & 0 & 99.18 & 0 \\ 9.18 & 0 & -30.17 & 0 & 99.18 & 0 & -326.01 & 0 \\ 0 & 0 & 0 & 9.18 & 0 & -30.17 & 0 & 99.18 \\ 0 & 9.18 & 0 & -30.17 & 0 & 99.18 & 0 & -326.01 \end{bmatrix}$$

$$(4.12)$$

由式(4.12)可知,可控性矩阵 **Ctrl** 的秩等于 4,因此系统是具有可控性的[99]。为了实现扭绳驱动关节目标轨迹跟踪误差与两端扭绳驱动器之间的同步误差的 LQR 最优化设计,寻找与其相对应的控制器输入 $\boldsymbol{u}$,首先需要创建包含系统控制变量和状态变量的 Performance Index 二次型函数[100],该函数需要同时涵盖扭绳驱动关节目标轨迹跟踪误差与两端扭绳驱动器之间的同步误差,因此 Performance Index 函数可以定义为

$$J_p = \int_{t0}^{tf} \left[\sum_{i=1}^{2} q_i \cdot d_i(t)^2 + \sum_{j=1}^{2} r_j u_j^2 + \rho (d_1 - d_2)^2 \right] dt \quad (4.13)$$

式中,q_i、r_j 和 ρ 是需要确定的参数,当 J_p 取得最小值时,意味着系统在运行时目标轨迹跟踪的误差与两端扭绳驱动器之间的同步误差取得最小值。两端扭绳驱动器之间的同步误差与轨迹跟踪的误差由系统的状态量推导得出,因此系统状态加权矩阵 $\boldsymbol{Q}$ 可以定义为

$$\boldsymbol{Q} = \begin{bmatrix} 1 & 0 & \dfrac{\sqrt{2}}{2} & \dfrac{\sqrt{2}}{2} \\ 0 & 0 & 0 & 0 \\ 0 & 1 & -\dfrac{\sqrt{2}}{2} & -\dfrac{\sqrt{2}}{2} \\ 0 & 0 & 0 & 0 \end{bmatrix} \begin{bmatrix} q_1 & 0 & 0 & 0 \\ 0 & q_2 & 0 & 0 \\ 0 & 0 & \rho & 0 \\ 0 & 0 & 0 & \rho \end{bmatrix} \begin{bmatrix} 1 & 0 & 0 & 0 \\ 0 & 0 & 1 & 0 \\ \dfrac{\sqrt{2}}{2} & 0 & -\dfrac{\sqrt{2}}{2} & 0 \\ \dfrac{\sqrt{2}}{2} & 0 & -\dfrac{\sqrt{2}}{2} & 0 \end{bmatrix} \quad (4.14)$$

控制加权矩阵 $\boldsymbol{R}$ 可以定义为

$$R = \begin{bmatrix} r_1 & 0 \\ 0 & r_2 \end{bmatrix} \tag{4.15}$$

根据 Performance Index 函数引入汉密尔顿方程和协状态变量 $P(t)$：

$$H = \frac{1}{2} d (t_f)^{\mathrm{T}} H d(t_f) + \frac{1}{2} u (t)^{\mathrm{T}} R u(t) + P^{\mathrm{T}}(Ax + Bu) \tag{4.16}$$

由控制方程 $\dfrac{\partial H}{\partial u} = 0$，得到控制器输入：

$$\frac{\partial H}{\partial u} = 0 \Rightarrow R u(t) + B^{\mathrm{T}} P(t) = 0 \Rightarrow u(t) = -R^{-1} B^{\mathrm{T}} P(t) \tag{4.17}$$

由协态方程 $\dfrac{\partial H}{\partial x} = -\dot{P}$，得到

$$\frac{\partial H}{\partial x} = -\dot{P} \Rightarrow \dot{P} = -(Q[d(t) - r(t)] + A^{\mathrm{T}} P(t)) \tag{4.18}$$

定义协状态变量 P：

$$P(t) = P(t) d(t) \tag{4.19}$$

对式(4.18)进行微分得

$$\dot{P}(t) = \dot{P}(t) d(t) + P(t) \dot{d}(t) \tag{4.20}$$

合并式(4.16)、式(4.17)、式(4.18)得到系统的控制输入：

$$-\dot{P} = A^{\mathrm{T}} P + PA - PBR^{-1} B^{\mathrm{T}} P + Q \tag{4.21}$$

$$u(t) = -(R^{-1} B^{\mathrm{T}} P(t)) d(t) \tag{4.22}$$

在 LQR 控制器设计中，矩阵 Q 和 R 的选择关系到系统最优控制的解，但是加权矩阵的选择并没有解析的方法，只能通过经验定性地去选择系统状态加权矩阵 Q 和控制加权矩阵 R，因此控制器的性能会因为人为干扰而不稳定，如果 Q、R 选择不合适，即使求出最优解，这样的最优解也可能没有任何意义，甚至得出误导性的结论。针对依靠人工对 Q、R 加权矩阵调节的种种不足，本书采用遗传算法对 Q、R 加权矩阵进行全局性的寻优[101,102]，实现系统的 LQR 优化控制。

遗传算法是根据自然界生物进化机制发展起来的全局优化方法，它借鉴了孟德尔的遗传学定律和达尔文的进化论。遗传算法采用适者生存的原则，在设定的解决方案群中逐次寻找评价函数的一个近似最优解。使用遗传算法对加权矩阵 Q 和 R 的寻优步骤如下。

（1）设定加权矩阵 $\boldsymbol{Q}$ 和 $\boldsymbol{R}$ 中各个未知参数的取值范围：考虑到系统的鲁棒性，加权矩阵 $\boldsymbol{Q}$ 中的 q_i 和 ρ 取值范围应该较大，加权矩阵 $\boldsymbol{R}$ 中的 r_i 取值范围应该较小，因此将 q_i 和 ρ 的取值范围设定为 $0\sim10000$，r_i 的取值范围设定为 $0\sim1$。

（2）构建评价函数：本书选择式（4.13）作为评价函数。

（3）设计进化规则：采用轮盘法来选择进化到下一代的个体。

（4）确定遗传算法的参数：群体大小恒定为 100，进化次数为 100 次，交叉率为 0.5，变异率为 0.05[103,104]。

采用遗传算法经过 48 次进化后，得到最优化的加权矩阵：

$$\boldsymbol{Q}=\begin{bmatrix} 4975 & 0 & -2189 & 0 \\ 0 & 0 & 0 & 0 \\ -2189 & 0 & 4975 & 0 \\ 0 & 0 & 0 & 0 \end{bmatrix},\quad \boldsymbol{R}=\begin{bmatrix} 0.4978 & 0 \\ 0 & 0.4978 \end{bmatrix} \tag{4.23}$$

通过 infinite horizon LQR 方法[105]，可得

$$0=\boldsymbol{A}^{\mathrm{T}}\boldsymbol{P}+\boldsymbol{P}\boldsymbol{A}-\boldsymbol{P}\boldsymbol{B}\boldsymbol{R}^{-1}\boldsymbol{B}^{\mathrm{T}}\boldsymbol{P}+\boldsymbol{Q} \tag{4.24}$$

将遗传算法计算得到的加权矩阵 $\boldsymbol{Q}$、$\boldsymbol{R}$、系统的状态矩阵 $\boldsymbol{A}$、控制矩阵 $\boldsymbol{B}$ 代入式（4.24）可以得到系统的协状态分量：

$$\boldsymbol{P}=\begin{bmatrix} 228.49 & 5.28 & -77.55 & -1.22 \\ 5.28 & 0.22 & -1.22 & -0.03 \\ -77.55 & -1.22 & 228.49 & 5.28 \\ -1.22 & -0.03 & 5.28 & 0.22 \end{bmatrix} \tag{4.25}$$

将系统的协状态分量代入式（4.24）中，计算出 LQR 控制反馈增益：

$$\boldsymbol{K}=\begin{bmatrix} 97.38 & 4.23 & -22.57 & -0.53 \\ -22.57 & -0.53 & 97.38 & 4.23 \end{bmatrix} \tag{4.26}$$

为了使扭绳驱动器在 LQR 控制器控制下对目标轨迹进行跟踪，还需要为 LQR 控制器设计前馈环节[106]，首先为系统的状态方程增加输出状态量：

$$\begin{aligned} \dot{\boldsymbol{d}}(t)&=\boldsymbol{A}\boldsymbol{d}(t)+\boldsymbol{B}\boldsymbol{u}(t) \\ \boldsymbol{y}(t)&=\boldsymbol{C}\boldsymbol{d}(t) \end{aligned} \tag{4.27}$$

式（4.27）中输出状态矩阵 $\boldsymbol{C}$ 为

$$\boldsymbol{C} = \begin{bmatrix} 1 & 0 & 0 & 0 \\ 0 & 0 & 1 & 0 \end{bmatrix} \tag{4.28}$$

假设目标轨迹 y_d、系统状态 $\boldsymbol{d}(t)$ 已知,控制器的控制任务是使扭绳驱动关节实际轨迹和目标轨迹的误差 $e(t) = y_d(t) - y(t)$,随着时间 $t \rightarrow \infty$,最终趋近于 0。假设式(4.26)设计的控制器,当时间 $t \rightarrow \infty$ 时,系统的状态变量 $\boldsymbol{d}(t)$ 和控制器输入 $\boldsymbol{u}(t)$ 趋近于稳态值,设:

$$\boldsymbol{d}^* = \lim_{t \rightarrow \infty} \boldsymbol{d}(t)$$
$$\boldsymbol{u}^* = \lim_{t \rightarrow \infty} \boldsymbol{u}(t) \tag{4.29}$$

为了使扭绳驱动关节实际运动轨迹和目标轨迹的误差 $e(t) = y_d(t) - y(t)$,随着时间 $t \rightarrow \infty$ 时,最终趋近于 0, $\boldsymbol{d}^*$ 和 $\boldsymbol{u}^*$ 必须满足

$$\begin{bmatrix} \boldsymbol{A} & \boldsymbol{B} \\ \boldsymbol{C} & \boldsymbol{0} \end{bmatrix} \begin{bmatrix} \boldsymbol{d}^* \\ \boldsymbol{u}^* \end{bmatrix} = \begin{bmatrix} \boldsymbol{0} \\ y_d \end{bmatrix} = \begin{bmatrix} \boldsymbol{0} \\ \boldsymbol{I} \end{bmatrix} y_d \tag{4.30}$$

系统的输入和输出的个数相等,所以矩阵 $\begin{bmatrix} \boldsymbol{A} & \boldsymbol{B} \\ \boldsymbol{C} & \boldsymbol{0} \end{bmatrix}$ 是一个正方形矩阵。因为目标轨迹 y_d 是任意轨迹,所以当矩阵 $\begin{bmatrix} \boldsymbol{A} & \boldsymbol{B} \\ \boldsymbol{C} & \boldsymbol{0} \end{bmatrix}$ 是非奇异矩阵时,式(4.30)中的 $\begin{bmatrix} \boldsymbol{d}^* \\ \boldsymbol{u}^* \end{bmatrix}$ 可以取得唯一解。假设矩阵 $\begin{bmatrix} \boldsymbol{A} & \boldsymbol{B} \\ \boldsymbol{C} & \boldsymbol{0} \end{bmatrix}$ 是非奇异矩阵,可得

$$\boldsymbol{d}^* = \boldsymbol{M}_d y_d$$
$$\boldsymbol{u}^* = \boldsymbol{M}_u y_d \tag{4.31}$$

式中:

$$\begin{bmatrix} \boldsymbol{M}_d \\ \boldsymbol{M}_y \end{bmatrix} = \begin{bmatrix} \boldsymbol{A} & \boldsymbol{B} \\ \boldsymbol{C} & \boldsymbol{0} \end{bmatrix}^{-1} \begin{bmatrix} \boldsymbol{0} \\ \boldsymbol{I} \end{bmatrix} \tag{4.32}$$

令 $\Delta \boldsymbol{d} = \boldsymbol{d} - \boldsymbol{d}^*$、$\Delta \boldsymbol{u} = \boldsymbol{u} - \boldsymbol{u}^*$ 和 $\Delta \boldsymbol{y} = \boldsymbol{y} - \boldsymbol{C} \boldsymbol{d}^*$,可以得到一个关于 $\Delta \boldsymbol{d}$ 微分方程组:

$$\Delta \dot{\boldsymbol{d}} = \boldsymbol{A} \Delta \boldsymbol{d} + \boldsymbol{B} \Delta \boldsymbol{u}$$
$$\Delta \boldsymbol{y} = \boldsymbol{C} \Delta \boldsymbol{d} \tag{4.33}$$

式(4.33)所示的系统如要保持稳定,则必须满足当时间 $t \rightarrow \infty$ 时,$\Delta \boldsymbol{d}$ 和 $\Delta \boldsymbol{y}$ 趋近于 0。该闭环系统可以表示为

$$\Delta \dot{d} = (A - BK)\Delta d \tag{4.34}$$

扭绳驱动关节 LQR 控制器的输入为

$$u = u^* - K(d - d^*) = (M_u + KM_x)y_d - Kd$$
$$= gy_d - Kd \tag{4.35}$$

式中，

$$g = [K \quad I] \begin{bmatrix} A & B \\ C & 0 \end{bmatrix}^{-1} \begin{bmatrix} 0 \\ I \end{bmatrix} \tag{4.36}$$

将式(4.11)、式(4.26)、式(4.28)中的 A、B、C、K 代入式(4.36)，得到系统的前馈增益

$$g = \begin{bmatrix} 97.38 & -22.57 \\ -22.57 & 97.38 \end{bmatrix} \tag{4.37}$$

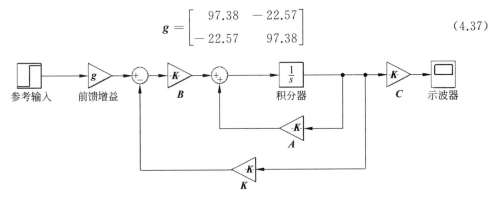

图 4.20　扭绳驱动关节位置 LQR 交叉耦合同步控制结构图

　　图 4.21 和图 4.22 分别是扭绳驱动关节左右两端扭绳驱动器跟踪幅值为 6cm、频率为 0.25Hz 的正弦曲线和幅值为 4cm，频率为 1/6Hz，斜率为 2 的梯形曲线的目标轨迹跟踪曲线和同步误差曲线。在基于 LQR 的交叉耦合同步策略控制下，扭绳驱动关节两端的扭绳驱动器运动平稳，无明显的振动，其实际轨迹与目标轨迹基本吻合。对于正弦轨迹，目标轨迹跟踪误差最大值为 2.34mm，同步误差最大值为 0.89mm，平均同步误差为 0.59mm。对于梯形轨迹，最大目标轨迹跟踪误差为 1.84mm，最大的同步误差为 0.52mm，平均同步误差为 0.38mm。图 4.23 给出了扭绳驱动器在跟踪正弦与梯形轨迹时左右两端扭绳驱动器的控制输出。

　　表 4.4 和表 4.5 中对 3 种不同同步策略在跟踪正弦曲线时的同步误差、目标轨迹跟踪误差以及系统延迟进行了对比。分析表中的数据可以得知，在扭绳驱动关节的目标轨迹跟踪控制中：

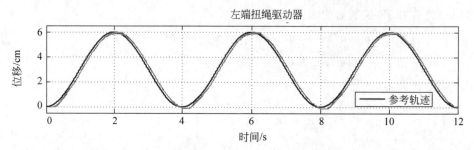

(a) 左端扭绳驱动器的轨迹跟踪(正弦轨迹)

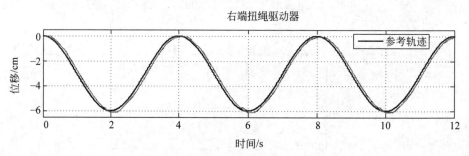

(b) 右端扭绳驱动器的轨迹跟踪(正弦轨迹)

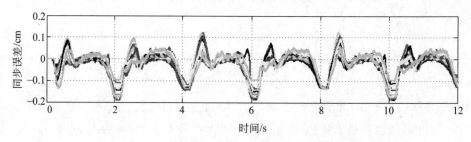

(c) 两端扭绳器同步位移的偏差(LQR交叉耦合同步策略)

图 4.21　LQR 交叉耦合同步策略下扭绳驱动关节跟踪正弦轨迹的误差

扫码看彩图

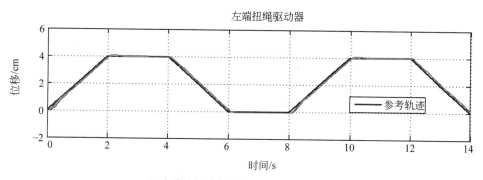

(a) 左端扭绳驱动器的轨迹跟踪(梯形轨迹)

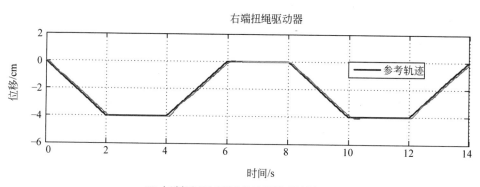

(b) 右端扭绳驱动器的轨迹跟踪(梯形轨迹)

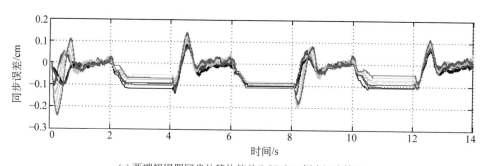

(c) 两端扭绳器同步位移的偏差(LQR交叉耦合同步策略)

图 4.22 LQR 交叉耦合同步策略下扭绳驱动器关节跟踪梯形轨迹的误差

扫码看彩图

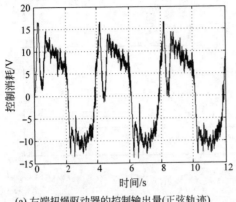

(a) 左端扭绳驱动器的控制输出量(正弦轨迹)

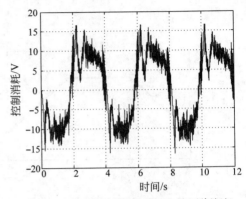

(b) 右端扭绳驱动器的控制输出量(正弦轨迹)

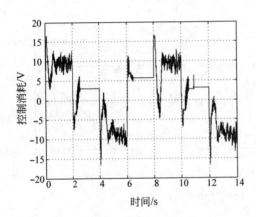

(c) 左端扭绳驱动器的控制输出量(梯形轨迹)

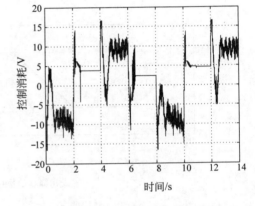

(d) 右端扭绳驱动器的控制输出量(梯形轨迹)

图 4.23　LQR 交叉耦合同步策略下控制器的控制输出量

表 4.4　3 种同步策略的控制效果对比

同 步 策 略	误　差			
	均方差/mm		最大值/mm	
	同步误差	轨迹跟踪误差	同步误差	轨迹跟踪误差
同等控制同步策略	2.009	1.7192(左端)	7.314	7.3173(左端)
		4.1778(右端)		14.154(右端)

续表

同步策略	误差			
	均方差/mm		最大值/mm	
	同步误差	轨迹跟踪误差	同步误差	轨迹跟踪误差
交叉耦合同步控制策略	0.0534	2.999(左端)	1.654	6.9949(左端)
		3.5237(右端)		12.712(右端)
LQR交叉耦合同步控制策略	0.0354	0.2694(左端)	0.89	2.3478(左端)
		0.2618(右端)		2.3208(右端)

表 4.5 3种同步策略的系统延迟

同步策略	延迟时间/s
同等控制同步策略	0.371(左端)
	0.368(右端)
交叉耦合同步控制策略	0.138(左端)
	0.275(右端)
LQR交叉耦合同步控制策略	0.075(左端)
	0.020(右端)

(1) 无论是同等同步控制策略,还是交叉耦合控制策略(极点配置法、LQR法)在扭绳驱动关节转动方向发生改变时,都有较大的超调,同步误差的最大值也出现在这个时刻,产生这种现象的原因的是驱动关节发生转向时,非线性和不连续的摩擦力,这种问题需要使用非线性控制方法解决,将在第 5 章中介绍。

(2) 基于 LQR 的交叉耦合同步控制策略在系统稳定性、目标轨迹跟踪误差、两端扭绳驱动器同步误差、系统延迟方面的表现在 3 种同步策略中最优。

为了验证控制器的抗扰性以及扭绳驱动关节两端扭绳驱动器在不均衡负载条件下的同步误差,通过在扭绳驱动关节一端的扭绳驱动器运动过程中加载 500g 的有效负载来模拟干扰与不均衡负载。分别使用极点配置法和 LQR 优化控制法,对相同的目标轨迹做 10 次目标轨迹跟踪实验。图 4.24 给出扭绳驱动关节在有负载的情况下跟踪幅值为 6cm、频率为 0.25Hz 的正弦曲线的目标轨迹跟踪误差与同步误差,在 $t=2s$、$6s$、$10s$ 给驱动关节左端的扭绳驱动器施加 500g 的有效负载,在 $t=4s$、$8s$、$10s$ 移除,结果显示,无论是极点配置法还是 LQR 优化控制法,在有效负载加入的情况下,目标跟踪轨迹精度与同步误差相比较于没有负载的情况,并没有明显的变化。如图 4.24 所示,只是在有效负载加入和移除的瞬间产生尖峰,驱动关节并没有发生振荡或变得不稳定,由此可见负载的加入并没有影响驱动关节的稳态的跟踪精度,因此这两种同步策略都具有良好的抗扰性。

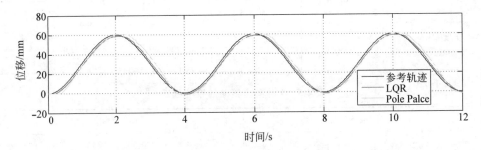

(a) 左端扭绳驱动器的轨迹跟踪(正弦轨迹)

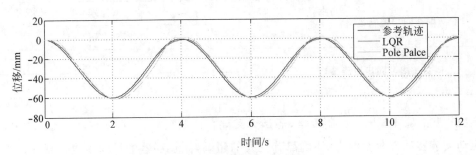

(b) 右端扭绳驱动器的轨迹跟踪(正弦轨迹)

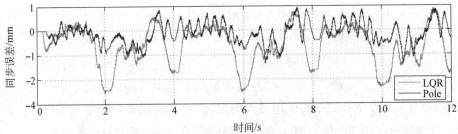

(c) 两端扭绳器同步位移和偏差(LQR与极点配置法)

图 4.24　基于 LQR 交叉耦合同步策略与极点配置法在 500g 负载情况下跟踪轨迹与同步误差

扫码看彩图

4.4　本章小结

本章分别将同等控制同步策略、基于极点配置的交叉耦合控制策略、基于 LQR 的交叉耦合同步控制策略应用到外骨骼机器人的目标轨迹跟踪控制中。基于 LQR 的交叉耦合同步控制策略，可以显著地提高扭绳驱动关节的响应速度，且基本消除了超调，有效地抑制了外骨骼驱动关节运动换向过程中转动角度的超调。

第 5 章
外骨骼机器人自适应鲁棒控制

非线性在工程技术领域中与自然界里是一种较为普遍的现象,随着控制技术与理论的发展,研究人员对非线性系统的理解与控制提出了更高的要求,为了进一步完善和改进扭绳驱动的上肢外骨骼机器人的控制精度,本章以扭绳驱动关节和机器人为研究对象,提出了一种自适应鲁棒控制方法。

5.1 系统的非线性

第 4 章中的极点配置法与 LQR 优化控制是在将系统假设为线性系统的前提下进行控制器设计的,如果直流电机在运行的过程中始终保持相同的转动方向,没有发生换向,电机的死区空间、摩擦力等非线性因素可以忽略,将直流电机当作线性系统来设计控制器通常可以达到控制要求。但是如果电机在运动过程中存在换向现象,换句话说,也就是电机在运行过程中存在速度为 0 的时刻,电机的死区、摩擦力等非线性因素就不能忽略,这时如果仍然将系统作为线性系统来设计控制器,系统的控制精度将会降低[107]。在电机驱动方面,基于驱动效率和散热问题,目前大多数直流电机采用开关驱动方式,通过 PWM 脉宽调制来控制直流电机电枢两端电压进行调速。PWM 脉宽调制直流电机调速系统中,电机速度与占空比不是线性关系[108],因此采用 PWM 驱动方式也会增加系统的非线性。扭绳驱动器中采用的线缆都是柔性的,在扭转过程中,线缆和线缆之间会产生摩擦力,随着电机转动圈数的增加,线缆之间的摩擦力也会随之增加。线缆之间的摩擦力会在一定程度上影响扭绳驱动器的性能,尤其是驱动电机转动方向改变时,线缆之间的摩擦力要经历从动摩擦力到静摩擦力再到反向静摩擦力最后又到反向动摩擦力的过程。扭绳驱动方式在扭转和解开线缆的转换过程中,摩擦力的方向和类型相互转换,因此线缆之间的摩擦力也是扭绳驱动器中一个非常明显的非线性因素。尽管在扭绳驱动器工作之前,已经将线缆预先扭转到一个相对近似于线性的运行空间,由于线缆长时间运行后会产生弹性形变,因此扭绳传递函数中的系数 K 也会随着运行时间的变化而变化。通过上述分析,将系统假设为线性系统而设计的控制器,在实际控制过程中并不能处理扭绳驱动系统的结构不确定性、参数时变性和非线性因素。

5.2　自适应鲁棒控制

自适应鲁棒控制是一种针对系统的参数不确定性与不确定非线性因素的高性能鲁棒控制方法(Adaptive Robust Control,ARC)。该方法同时采用确定性鲁棒控制(Deterministic Robust Control)和鲁棒自适应控制(Robust Adaptive Control)的设计方法,保证系统的稳态跟踪精度与鲁棒瞬态性能[109-112]。自适应鲁棒控制在电机驱动定位、电液伺服和气动肌肉等系统中已被广泛应用。本章针对上肢外骨骼康复训练机器人中的扭绳驱动关节,设计自适应鲁棒控制器,实现扭绳驱动关节的高精度目标轨迹跟踪。控制器由基于 Back-Stepping 设计的非线性鲁棒控制器和在线参数估计两部分组成,应用了标准投影映射的方法来确保参数估计有界。最终设计的自适应鲁棒控制器可以在线调节自适应参数,补偿系统模型参数的不确定性,利用鲁棒反馈抑制系统的非线性因素和干扰,保证动态性能和目标轨迹的跟踪精度。

5.2.1　自适应控制器设计

为了实现扭绳驱动关节的高精度运动轨迹跟踪控制,控制器的设计过程中必须考虑系统模型中的不确定非线性和参数不确定性对系统的影响。第 4 章对扭绳驱动器的建模过程中,忽略了非线性因素和时变参数对系统的影响,本章将在现有的扭绳驱动器模型中加入对系统时变参数和非线性因素的处理。首先定义状态变量 $\boldsymbol{X}=[x_1,x_2]^\mathrm{T}$,扭绳驱动关节单端扭绳驱动器的完整非线性模型可以定义为

$$
\begin{aligned}
x_1 &= d \\
\dot{x}_1 &= x_2 \\
\dot{x}_2 &= -\frac{BR+K_t}{JR}x_2 + \frac{K_t\rho}{JR}(u(t)-F_f(t))
\end{aligned}
\tag{5.1}
$$

式中,d 是扭绳驱动器提供的线性位移;$u(t)$ 是系统的输入;$F_f(t)$ 是系统中由非线性摩擦力引起的有界输入干扰。由式(5.1)可以看出,扭绳驱动器的主要控制难点包括:①由

于电机的摩擦力和线缆之间的摩擦力等因素,系统是非线性系统。②扭绳驱动器模型具有参数不确定性,例如参数 ρ、J 不仅时变而且难以精确测量,因此需要采用参数在线估计的控制方法。为了有效解决参数不确定性和系统非线性因素的问题,需要采用 Back-Stepping[113,114] 的方法来设计非线性自适应控制器。首先将式(5.1)改写成

$$\dot{x}_1 = x_2$$

$$\frac{JR\,\dot{x}_2}{K_t\rho} = -\frac{BR + K_t}{K_t\rho}x_2 + (u(t) - F_f(t)) \tag{5.2}$$

设 $\theta_1 = JR/(K_t\rho)$,$\theta_2 = (BR + K_t)/(K_t\rho)$,式(5.2)可以简化成

$$\dot{x}_1 = x_2$$

$$\theta_1\dot{x}_2 = -\theta_2 x_2 + u(t) - F_f(t) \tag{5.3}$$

对式(5.3)两边同时除以 θ_1 得

$$\dot{x}_1 = x_2$$

$$\dot{x}_2 = \frac{-\theta_2}{\theta_1}x_2 + \frac{1}{\theta_1}(u(t) - F_f(t)) \tag{5.4}$$

定义一个滑模面变量:

$$Z = \dot{e}_1 + K_p e_1 \tag{5.5}$$

式中,$e_1 = x_{1d} - x_1$ 为轨迹跟踪误差;K_p 为正的反馈增益。对式(5.5)进行拉普拉斯变化得到 Z 相对于 e_1 的传递函数为 $1/(s + K_p)$。由于 K_p 是正值,所以该传递函数是稳定的,当 Z 趋近于 0 时,e_1 也趋近于 0。通过调整 K_p 值的大小可以改变 e_1 趋近于 0 的速度。对式(5.5)关于时间微分,可得

$$\dot{Z} = \ddot{x}_{1d} - \ddot{x}_1 + K_{p1}\dot{e}_1 \tag{5.6}$$

将式(5.4)中的第 2 个方程代入式(5.6)中,可得

$$\dot{Z} = \ddot{x}_{1d} + \frac{\theta_2}{\theta_1}x_2 - \frac{1}{\theta_1}(u(t) - F_f(t)) + K_p\,\dot{e}_1 \tag{5.7}$$

根据滑模控制的设计方法[115,116],设计控制器 $u(t)$:

$$u(t) = KZ + \theta_1\ddot{x}_{1d} + \theta_1 K_p\,\dot{e}_1 + \theta_2 x_2 + F_f(t) \tag{5.8}$$

式(5.8)中的滑模控制器通过估计抵消系统中的非线性因素和时变参数,确保 e_1 会逐渐趋近于 0。通过分析式(5.8)可以得知,控制器在控制过程中需要知道 θ_1 和 θ_2 具体数值,因此对式(5.8)进行修改,得到自适应控制器:

$$u(t) = u_a(t) = KZ + \hat{\theta}_1 \ddot{x}_{1d} + \hat{\theta}_1 K_p \dot{e}_1 + \hat{\theta}_2 x_2 + \hat{F}_f(t) \tag{5.9}$$

式中,$\hat{\theta}_1$、$\hat{\theta}_2$ 和 $\hat{F}_f(t)$ 是时变参数 θ_1、θ_2 和 $F_f(t)$ 的估计值,将式(5.9)代入式(5.7)中得

$$\dot{Z} = \frac{1}{\theta_1}[-KZ + (\theta_1 - \hat{\theta}_1)(\ddot{x}_{1d} + K_p \dot{e}_1) + (\theta_2 - \hat{\theta}_2)x_2 + (F_f(t) - \hat{F}_f(t))$$

$$\tag{5.10}$$

Liapunov 稳定性原理[117-119]是非线性系统自适应控制器设计过程中验证系统稳定性的通用方法,Liapunov 稳定原理通过对非线性系统建立的一个类似于能量的正定泛函数,然后通过研究该正定泛函数的微分方程随时间变化的情况。如果该正定泛函数的微分是一个负定泛函数,则可以判断系统是稳定的,这种分析非线性系统稳定性的方法给控制器的设计带来了巨大的便利。针对扭绳驱动器,定义 Liapunov 正定函数:

$$V_a = \frac{1}{2}\left(\theta_1 Z^2 + \frac{1}{\lambda_1}\tilde{\theta}_1^2 + \frac{1}{\lambda_2}\tilde{\theta}_2^2 + \frac{1}{\lambda_3}\tilde{F}_f^2\right) \tag{5.11}$$

式中,$\tilde{\theta}_1 = \theta_1 - \hat{\theta}_1$,$\tilde{\theta}_2 = \theta_2 - \hat{\theta}_2$,$\tilde{F}_f(t) = F_f - \hat{F}_f$ 分别代表了时变参数 θ_1、θ_2 和 $F_f(t)$实际值和估计值之间的差异。因为 θ_1 在扭绳驱动器系统始终是正值,所以式(5.11)是一个正定泛函数,对式(5.11)微分得

$$\dot{V}_a = \theta_1 Z\left[\frac{1}{\theta_1}(-KZ + \tilde{\theta}_1(\ddot{x}_{1d} + K_p \dot{e}_1) + \tilde{\theta}_2 x_2 + \tilde{F}_f)\right] +$$

$$\left(\frac{1}{\lambda_1}\tilde{\theta}_1 \dot{\hat{\theta}}_1 + \frac{1}{\lambda_2}\tilde{\theta}_2 \dot{\hat{\theta}}_2 + \frac{1}{\lambda_3}\tilde{F}_f \dot{\hat{F}}_f\right) \tag{5.12}$$

采用如下参数估计机制,确保式(5.12)为负定函数:

$$\dot{\hat{\theta}}_1 = -\lambda_1 Z(\ddot{x}_{1d} + K_p \dot{e}_1), \quad \dot{\hat{\theta}}_2 = -\lambda_2 Z x_2, \quad \dot{\hat{F}}_f = -\lambda_3 Z \tag{5.13}$$

式(5.13)中,λ_1、λ_2、$\lambda_3 > 0$,当 $\dot{V}_a$ 是负定函数时,$\tilde{\theta}_1$、$\tilde{\theta}_2$ 和 $\tilde{F}_f$ 是有界的,根据 Barbalat 引理可知[120,121],随着时间 $t \to \infty$,$\dot{\hat{\theta}}_1$、$\dot{\hat{\theta}}_2$ 和 $\dot{\hat{F}}_f \to 0$,因此随着时间 $t \to \infty$,$Z(t) \to 0$。同理,根据 Z 和 e 的关系,随着时间 $t \to \infty$,$e(t) \to 0$,系统跟踪轨迹的误差为 0。

5.2.2　自适应鲁棒控制器设计

自适应控制器有两个主要缺点:瞬态性能的不确定性与系统的鲁棒性[122]。采用自适应控制器的系统在系统运行的初始阶段可能会有很大的跟踪误差或者较大的系统延迟,除此之外,参数的估计值可能会不在参数的界定范围内。因此将确定性鲁棒控制中

采用的参数投影自适应机制加入 5.2.1 节的自适应控制器中,不仅可以减少系统的不确定性也可以改进系统的瞬态性能和稳态跟踪精度。新的自适应鲁棒控制器定义为

$$u(t) = u_a(t) + u_s(t) \tag{5.14}$$

式中,$u_a(t)$ 是式(5.9)中的自适应控制器;$u_s(t)$ 是新加入的鲁棒控制器,将式(5.14)代入式(5.10)中可得

$$\dot{Z} = -\frac{1}{\theta_1} KZ + \frac{1}{\theta_1} [-u_s + \tilde{\theta}_1(\ddot{x}_{1d} + K_p \dot{e}_1) + \tilde{\theta}_2 x_2 + \widetilde{F}_f] \tag{5.15}$$

新加入的鲁棒控制器 $u_s(t)$ 被用来抑制扭绳驱动系统中的参数不确定性与非线性,定义新的 Liapunov 函数:

$$V_s = \frac{1}{2} \theta_1 Z^2 \tag{5.16}$$

因为 θ_1 在扭绳驱动器系统中始终是正值,所以式(5.11)是一个正定泛函数,对式(5.11)微分得

$$\dot{V}_s = -KZ^2 + Z[-u_s + \tilde{\theta}_1(\ddot{x}_{1d} + K_p \dot{e}_1) + \tilde{\theta}_2 x_2 + \widetilde{F}_f] \tag{5.17}$$

如果鲁棒控制器 $u_s(t)$ 满足下述条件:

$$(1)\ Z[-u_s + \tilde{\theta}_1(\ddot{x}_{1d} + K_p \dot{e}_1) + \tilde{\theta}_2 x_2 + \widetilde{F}_f] \leqslant \varepsilon$$
$$(2)\ Zu_s \geqslant 0 \tag{5.18}$$

则正定泛函数的微分会满足下述不等式:

$$\dot{V}_s \leqslant -KZ^2 + \varepsilon \leqslant -2\frac{K}{\theta_1} V_s + \varepsilon \tag{5.19}$$

根据式(5.19)可得

$$V_s(t) \leqslant \exp\left(\frac{-2Kt}{\theta_{1\max}}\right) V_s(0) + \int_0^t \exp(-2K(t-v)\varepsilon(v)) \mathrm{d}v \tag{5.20}$$

式中,$\theta_{1\max}$ 是 θ_1 的上界,根据 Bellman-Gronwall 定理[123]得

$$V_s(t) \leqslant \exp\left(\frac{-2Kt}{\theta_{1\max}}\right) V_s(0) + \frac{\varepsilon}{K}\left[1 - \exp\left(\frac{-2Kt}{\theta_{1\max}}\right)\right] \tag{5.21}$$

同理,根据 Z 和 e 的关系,可得

$$e(t) \leqslant \exp(-K_p t) e(0) + \frac{Z}{K_p}[1 - \exp(-K_p t)] \tag{5.22}$$

由式(5.22)可知,扭绳驱动系统目标轨迹跟踪误差指数收敛于一个球域,通过调整 K_p 的值来改变球域的大小。因此稳态跟踪误差是有界的,扭绳驱动系统目标轨迹跟踪的稳态

误差为$(|e(\infty)|=Z(\infty)/K_p)$。

如果设鲁棒控制器 $us(t)=0.75hZ$，代入式(5.18)可得

$$Z\left[-\frac{3}{4}hZ+\tilde{\theta}_1(\ddot{x}_{1d}+K_p\dot{e}_1)+\tilde{\theta}_2x_2+\widetilde{F}_f\right]\leqslant\varepsilon \tag{5.23}$$

对式(5.23)进行变化：

$$\left[-\frac{1}{4}hZ^2+\tilde{\theta}_1(\ddot{x}_{1d}+K_p\dot{e}_1)Z-\frac{(\tilde{\theta}_1(\ddot{x}_{1d}+K_p\dot{e}_1))^2}{h}-\frac{1}{4}hZ^2+\tilde{\theta}_2x_2Z-\frac{(\tilde{\theta}_2x_2)^2}{h}-\right.$$
$$\left.\frac{1}{4}hZ^2+\widetilde{F}_fZ-\frac{(\widetilde{F}_f)^2}{h}\right]+\frac{(\tilde{\theta}_1(\ddot{x}_{1d}+K_p\dot{e}_1))^2+(\tilde{\theta}_2x_2)^2+(\widetilde{F}_f)^2}{h}\leqslant\varepsilon \tag{5.24}$$

根据式(5.24)可得关于 h 的不等式：

$$\frac{(\tilde{\theta}_1(\ddot{x}_{1d}+K_p\dot{e}_1))^2+(\tilde{\theta}_2x_2)^2+(\widetilde{F}_f)^2}{h}\leqslant\varepsilon \tag{5.25}$$

因为 θ_1、θ_2、F_f 有界，设 $\theta_{1m}=\theta_{1max}-\theta_{1min}$，$\theta_{2m}=\theta_{2max}-\theta_{2min}$，$F_{fm}=F_{fmax}-F_{fmin}$，式(5.25)可转换成

$$\frac{(\theta_{1m}^2(\ddot{x}_{1d}+K_p\dot{e}_1))^2+(\theta_{2m}x_2)^2+F_{fm}^2}{h}\leqslant\varepsilon \tag{5.26}$$

假设 $\varepsilon=\varepsilon_1+\varepsilon_2+\varepsilon_3$，可得

$$h\geqslant\frac{(\theta_{1m}^2(\ddot{x}_{1d}+K_p\dot{e}_1))^2}{\varepsilon_1}+\frac{(\theta_{2m}x_2)^2}{\varepsilon_2}+\frac{F_{fm}^2}{\varepsilon_3} \tag{5.27}$$

针对新加入的鲁棒控制器，定义与式(5.11)相似的 Liapunov 正定函数：

$$V=V_a=\frac{1}{2}\left(\theta_1Z^2+\frac{1}{\lambda_1}\tilde{\theta}_1^2+\frac{1}{\lambda_2}\tilde{\theta}_2^2+\frac{1}{\lambda_3}\widetilde{F}_f^2\right) \tag{5.28}$$

但是采用投影映射参数估计机制[124]，使参数估计值始终在参数的有界范围，因此新的参数自适应律为

$$\dot{\hat{\theta}}_1=proj(-\lambda_1Z(\ddot{x}_{1d}+K_p\dot{e}_1)),\qquad\dot{\hat{\theta}}_2=proj(-\lambda_2Zx_2),$$
$$\dot{\widetilde{F}}_f=proj(-\lambda_3Z) \tag{5.29}$$

式中，$proj$ 的定义为

$$proj(\cdot)=\begin{cases}0 & \begin{cases}\hat{\theta}_i=\theta_{imax}\text{ and }\cdot>0\\\hat{\theta}_i=\theta_{imin}\text{ and }\cdot<0\end{cases}\\\cdot & \text{其他}\end{cases} \tag{5.30}$$

$$u_i(t) = -0.75hZ + KZ + \hat{\theta}_1 K_p \dot{e} + \hat{\theta}_2 x_2 + \hat{F}_f(t) \tag{5.31}$$

至此完成了扭绳驱动关节单端扭绳驱动器的自适应鲁棒控制策略。如式(5.31)所示,控制器由在线参数估计和基于 Back-stepping 方法设计的非线性鲁棒控制器组成,使用投影映射参数估计机制减小模型的参数不确定性,鲁棒控制器用来抑制系统中的不确定非线性以及参数估计误差,二者结合在一起实现了扭绳驱动关节的高精度目标轨迹跟踪。

在扭绳驱动关节装置某一端的扭绳驱动器上验证本节设计的自适应鲁棒控制策略,控制算法的采样频率为 100Hz,式(5.1)模型中用到的参数 $R = 0.046544\Omega$, $J = 0.00051261\text{kg} \cdot \text{m}^2$, $K_t = 0.075402$, $B = 0.17261\text{N} \cdot \text{m/rad}^{-1} \cdot \text{s}^{-1}$, $\rho = 0.5$。未知参数的名义值为 $\theta_1 = 0.00063285$, $\theta_2 = 0.01$,未知的参数估计范围为 $\theta_{1\text{min}} = 0$, $\theta_{1\text{max}} = 0.001$, $\theta_{2\text{min}} = 0$, $\theta_{2\text{max}} = 0.05$。图 5.1 和图 5.2 给出了扭绳驱动关节左端扭绳驱动器跟踪幅值为 60mm、

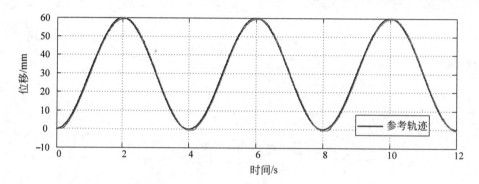

(a) 左端扭绳驱动器的轨迹跟踪(正弦轨迹)

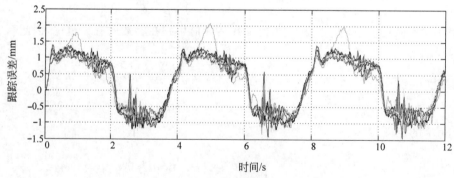

(b) 正弦轨迹跟踪误差

图 5.1   扭绳驱动器轨迹跟踪与误差

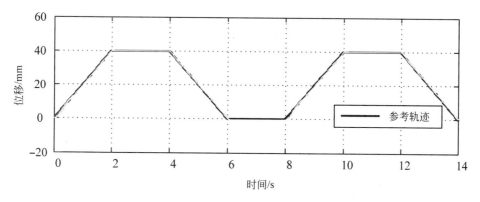

(a) 左端扭绳驱动器的轨迹跟踪(梯形轨迹)

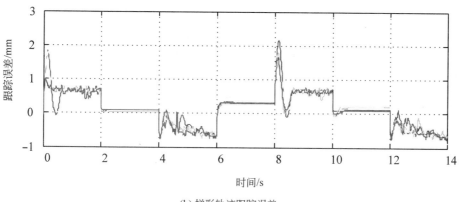

(b) 梯形轨迹跟踪误差

图 5.2　扭绳驱动器的轨迹跟踪与误差

扫码看彩图

频率为 0.25Hz 的正弦曲线与幅值为 40mm、频率为 1/6Hz,斜率为 2 的梯形曲线的目标轨迹跟踪曲线的 10 次实验结果,通过使用 trial-error 方法多次实验后,控制器的增益设定为 $K=10, h=5, k_p=15$,参数自适应系数为 $\lambda_1=0.002, \lambda_2=0.002, \lambda_3=2$。

图 5.3 给出了扭绳驱动器在跟踪正弦和梯形轨迹时,未知参数的在线自适应调节效果。由图可知,自适应鲁棒控制器采用标准投影映射参数估计机制,参数的估计是相对独立的,因此参数的估计较为准确且收敛到参数的准确值。得益于参数的准确估计,系统的瞬态跟踪性能与稳态误差都较好。表 5.1 给出了自适应鲁棒控制器实验结果的性能指标,相比于极点配置法和 LQR 优化控制,系统的目标轨迹跟踪误差最大值与均方差都

有大幅提高。扭绳驱动器跟踪正弦轨迹和梯形轨迹时的控制输出如图 5.4 所示,相比于
LQR 控制器的控制输出,由于自适应鲁棒控制器需要快速补偿参数以及系统不确定的
非线性,输出具有较大的颤振,控制功率也较大。

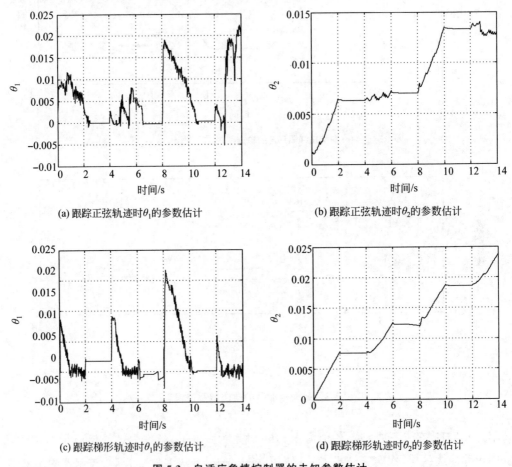

(a) 跟踪正弦轨迹时θ_1的参数估计   (b) 跟踪正弦轨迹时θ_2的参数估计

(c) 跟踪梯形轨迹时θ_1的参数估计   (d) 跟踪梯形轨迹时θ_2的参数估计

图 5.3   自适应鲁棒控制器的未知参数估计

表 5.1   自适应鲁棒控制器的实验误差

	均 方 差	最 大 值
正弦轨迹跟踪误差	0.835mm	1.297mm
梯形轨迹跟踪误差	0.458mm	1.640mm

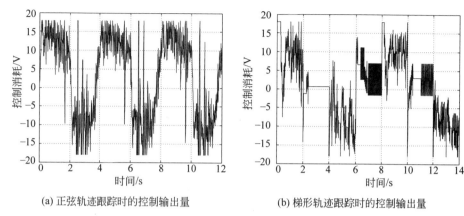

(a) 正弦轨迹跟踪时的控制输出量　　　　(b) 梯形轨迹跟踪时的控制输出量

图 5.4　自适应鲁棒控制器的控制输出量

5.3　基于自适应鲁棒的交叉耦合同步控制策略

本节将自适应鲁棒控制策略与第 4 章讨论的交叉耦合同步控制策略结合起来,提出一种基于自适应鲁棒控制的交叉耦合同步控制策略,实现上肢康复机器人肘关节与肩关节的目标轨迹的跟踪误差以及驱动关节两端扭绳驱动器的同步误差同时收敛,既保证肘关节和肩关节目标轨迹的跟踪精度又不影响驱动关节两端扭绳驱动器的同步精度。

可以将式(5.5)中对单端扭绳驱动器定义的滑模变量扩展到机器人驱动关节两端的扭绳驱动器并融入交叉耦合同步策略[125-128],定义新的滑模变量:

$$Z_i = \dot{e}_i + K_{p,i} e_i + K_{s,i} e_{\mathrm{avg},i} \qquad (5.32)$$

式中,i 代表驱动关节两端的任一扭绳驱动器;K_p 为正的反馈增益;K_s 为交叉耦合同步控制增益;e_{avg} 是驱动关节两端扭绳驱动器提供线性位移的平均值。通过调整 K_p、K_s 的值可以改变 e_i 与 e_{avg} 趋近于 0 的速度。对式(5.32)关于时间微分,可得

$$\dot{Z}_i = \ddot{e}_i + K_{p,i} \dot{e}_i + K_{s,i} \dot{e}_{\mathrm{avg},i} \qquad (5.33)$$

将式(5.4)中的第 2 个方程代入式(5.33)中,可得

$$\dot{Z}_i = \ddot{x}_{1d,i} + \frac{\theta_2}{\theta_1} x_{2,i} - \frac{1}{\theta_1}(u_i(t) - F_{f,i}(t)) + K_{p,i} \dot{e}_i + K_{s,i} \dot{e}_{\mathrm{avg},i} \qquad (5.34)$$

根据滑模控制的设计方法,设计控制器 $u_i(t)$:

$$u_i(t) = K_i Z_i + \theta_1 \ddot{x}_{1d,i} + \theta_1 K_{p,i} \dot{e}_i + \theta_1 K_{s,i} \dot{e}_{\text{avg},i} + \theta_2 x_{2,i} + F_{f,i}(t) \qquad (5.35)$$

通过分析式(5.35)可以得知,控制器在控制过程中需要知道 θ_1 和 θ_2 的具体数值,因此对式(5.35)进行修改,得到自适应控制器:

$$u_i(t) = K_i Z_i + \hat{\theta}_1 \ddot{x}_{1d,i} \hat{\theta}_1 K_{p,i} \dot{e}_i + \hat{\theta}_1 K_{s,i} \dot{e}_{\text{avg},i} + \hat{\theta}_2 x_{2,i} + \hat{F}_{f,i}(t) \qquad (5.36)$$

式中,$\hat{\theta}_1$、$\hat{\theta}_2$ 和 $\hat{F}_{f,i}(t)$ 是时变参数 θ_1、θ_2 和 $F_{f,i}(t)$ 的估计值,将式(5.36)代入式(5.34)中得

$$\dot{Z}_i = \frac{1}{\theta_1}[-K_i Z_i + (\theta_1 - \hat{\theta}_1)(\ddot{x}_{1d,i} + K_{p,i}\dot{e}_i + K_{s,i}\dot{e}_{\text{avg},i}) +$$

$$(\theta_2 - \hat{\theta}_2)x_{2,i} + (F_{f,i}(t) - \hat{F}_{f,i}(t)] \qquad (5.37)$$

针对任一扭绳驱动器,定义 Liapunov 正定函数:

$$V_{a,i} = \frac{1}{2}\left(\theta_1 Z^2 + \frac{1}{\lambda_{1,i}}\tilde{\theta}_1^2 + \frac{1}{\lambda_{2,i}}\tilde{\theta}_2^2 + \frac{1}{\lambda_{3,i}}\widetilde{F}_{f,i}^2\right) \qquad (5.38)$$

式中,$\tilde{\theta}_1 = \theta_1 - \hat{\theta}_1$、$\tilde{\theta}_2 = \theta_2 - \hat{\theta}_2$、$\widetilde{F}_{f,i}(t) = F_{f,i} - \hat{F}_{f,i}$ 分别代表了时变参数 θ_1、θ_2 和 $F_{f,i}(t)$ 实际值和估计值之间的差值。因为 θ_1 在扭绳驱动器系统中始终是正值,所以式(5.38)是一个正定泛函,对式(5.37)微分得

$$\dot{V}_{a,i} = \theta_1 Z_i \left[\frac{1}{\theta_1}(-KZ_i + \tilde{\theta}_1(\ddot{x}_{1d,i} + K_{p,i}\dot{e}_i + K_{s,i}\dot{e}_{\text{avg},i}) + \tilde{\theta}_2 x_{2,i} + \widetilde{F}_{f,i})\right] +$$

$$\frac{1}{\lambda_{1,i}}\tilde{\theta}_1\dot{\hat{\theta}}_1 + \frac{1}{\lambda_{2,i}}\tilde{\theta}_2\dot{\hat{\theta}}_2 + \frac{1}{\lambda_{3,i}}\widetilde{F}_{f,i}\dot{\hat{F}}_{f,i} \qquad (5.39)$$

采用投影映射参数估计机制,使参数估计值始终在参数的有界范围,因此参数自适应律为

$$\dot{\hat{\theta}}_1 = proj(-\lambda_{1,i}Z_i(\ddot{x}_{1d,i} + K_{p,i}\dot{e}_i + K_{s,i}\dot{e}_{\text{avg},i})), \dot{\hat{\theta}}_2 = proj(-\lambda_{2,i}Z_i x_{2,i})$$

$$\dot{\hat{F}}_{f,i} = proj(-\lambda_{3,i}Z_i) \qquad (5.40)$$

式中,$proj$ 的定义为

$$proj(\cdot) = \begin{cases} 0 & \begin{cases} \hat{\theta}_i = \theta_{i\max} \text{ and } \cdot > 0 \\ \hat{\theta}_i = \theta_{i\min} \text{ and } \cdot < 0 \end{cases} \\ \cdot & \text{其他} \end{cases} \qquad (5.41)$$

在自适应控制律中加入鲁棒控制器用来抑制系统中的不确定非线性以及参数估计误差:

$$u_i(t) = u_{a,i}(t) + u_{s,i}(t) \tag{5.42}$$

采用与 5.2 节中相同的鲁棒控制策略,设新加入的鲁棒控制器 $u_s(t) = -0.75hZ_i$,代入式(5.18)可得

$$Z_i\left[-\frac{3}{4}h_iZ_i + \tilde{\theta}_1(\ddot{x}_{1d,i} + K_{p,i}\dot{e}_i + K_{s,i}\dot{e}_{\mathrm{avg},i}) + \tilde{\theta}_2x_{2,i} + \widetilde{F}_{f,i}\right] \leqslant \varepsilon \tag{5.43}$$

对式(5.43)进行变化:

$$\left[-\frac{1}{4}h_iZ_i^2 + \tilde{\theta}_1(\ddot{x}_{1d,i} + K_p\dot{e}_i + K_{s,i}\dot{e}_{\mathrm{avg},i})Z_i - \frac{(\tilde{\theta}_1(\ddot{x}_{1d,i} + K_p\dot{e}_i + K_{s,i}\dot{e}_{\mathrm{avg},i}))^2}{h_i} - \right.$$
$$\left. \frac{1}{4}h_iZ_i^2 + \tilde{\theta}_1x_{2,i}Z_i - \frac{(\tilde{\theta}_1x_{2,i})^2}{h_i} - \frac{1}{4}h_iZ_i^2 + \widetilde{F}_{f,i}Z - \frac{(\widetilde{F}_{f,i})^2}{h_i}\right] +$$
$$\frac{(\tilde{\theta}_1(\ddot{x}_{1d,i} + K_p\dot{e}_i + K_{s,i}\dot{e}_{\mathrm{avg},i}))^2 + (\tilde{\theta}_1x_{2,i})^2 + (\widetilde{F}_{f,i})^2}{h_i}$$
$$\leqslant \varepsilon \tag{5.44}$$

根据式(5.44)可得关于 h_i 的不等式:

$$\frac{(\tilde{\theta}_1(\ddot{x}_{1d,i} + K_{p,i}\dot{e}_i + K_{s,i}\dot{e}_{\mathrm{avg},i}))^2 + (\tilde{\theta}_2x_{2,i})^2 + (\widetilde{F}_{f,i})^2}{h_i} \leqslant \varepsilon \tag{5.45}$$

因为 θ_1、θ_2、$F_{f,i}$ 有界,设 $\theta_{1m} = \theta_{1\max} - \theta_{1\min}$,$\theta_{2m} = \theta_{2\max} - \theta_{2\min}$,$F_{fm,i} = F_{f\max,i} - F_{f\min,i}$,式(5.45)可转换成

$$\frac{(\theta_{1m}^2(\ddot{x}_{1d,i} + K_p\dot{e}_i + K_{s,i}\dot{e}_{\mathrm{avg},i}))^2 + (\theta_{2m}x_{2,i})^2 + F_{fm,i}^2}{h_i} \leqslant \varepsilon \tag{5.46}$$

假设 $\varepsilon = \varepsilon_1 + \varepsilon_2 + \varepsilon_3$,可得

$$h_i \geqslant \frac{(\theta_{1m}^2(\ddot{x}_{1d,i} + K_p\dot{e}_i + K_{s,i}\dot{e}_{\mathrm{avg},i}))^2}{\varepsilon_1} + \frac{(\theta_{2m}x_{2,i})^2}{\varepsilon_2} + \frac{F_{fm,i}^2}{\varepsilon_3} \tag{5.47}$$

最终,扭绳驱动关节两端任一扭绳驱动器的基于自适应鲁棒的交叉耦合同步控制策略可以总结为

$$u_i(t) = -0.75h_iZ_i + K_iZ_i + \hat{\theta}_1K_{p,i}\dot{e}_i + \hat{\theta}_1K_{s,i}\dot{e}_{\mathrm{avg},i} + \hat{\theta}_2x_{2,i} + \hat{F}_{f,i}(t) \tag{5.48}$$

在扭绳驱动关节装置两端的扭绳驱动器上验证本节设计的自适应鲁棒控制策略,控制算法的采样频率为 100Hz,式(5.1)模型中用到的参数 $R = 0.046544\Omega$,$J = 0.00051261\mathrm{kg} \cdot \mathrm{m}^2$,$K_t = 0.075402$,$B = 0.17261\mathrm{N} \cdot \mathrm{m/(rad/s)}$,$\rho = 0.5$。未知参数的名义值为 $\theta_{11} = 0.00063285$,$\theta_{21} = 0.01$。未知的参数估计范围为 $\theta_{11\min} = 0$,$\theta_{11\max} = 0.001$,$\theta_{21\min} = 0$,$\theta_{21\max} = $

0.05。图 5.5 和图 5.6 给出了扭绳驱动关节两端扭绳驱动器跟踪幅值为 60mm、频率为 0.25Hz 的正弦曲线与幅值为 40mm、频率为 1/6Hz，斜率为 2 的梯形曲线的目标轨迹跟踪曲线与同步误差曲线的 10 次实验结果。通过使用 trial-error 方法多次实验后，控制器的增益设定为 $K_1=10, h_1=5, k_{p1}=15, k_{s1}=15, K_2=10, h_2=5, k_{p2}=15, k_{s2}=15$，参数自适应系数为 $\lambda_{11}=0.002, \lambda_{21}=0.002, \lambda_{31}=2, \lambda_{12}=0.002, \lambda_{22}=0.002, \lambda_{32}=2$。

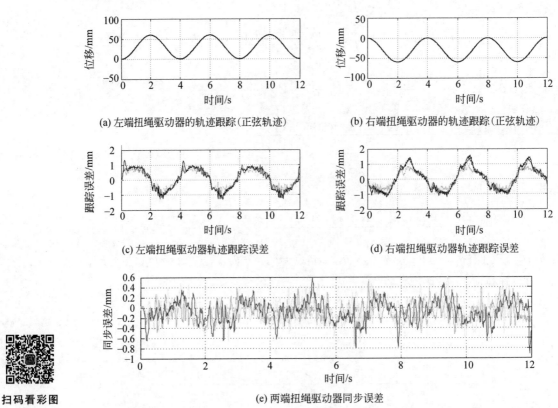

(a) 左端扭绳驱动器的轨迹跟踪（正弦轨迹） (b) 右端扭绳驱动器的轨迹跟踪（正弦轨迹）

(c) 左端扭绳驱动器轨迹跟踪误差 (d) 右端扭绳驱动器轨迹跟踪误差

(e) 两端扭绳驱动器同步误差

图 5.5　基于自适应鲁棒控制器的扭绳驱动器跟踪正弦轨迹和双端同步误差

由图 5.5 和图 5.6 可知，在基于自适应鲁棒的交叉耦合同步策略控制下，扭绳驱动关节两端的扭绳驱动器的运动轨迹与目标轨迹基本重合。最大轨迹跟踪误差为 1.02mm，平均轨迹跟踪误差为 0.6mm，小于目标轨迹幅值的 1%。两端扭绳驱动器的最大同步误差为 0.6mm，平均同步误差为 0.163mm，小于幅值的 0.2%。表 5.2 给出基于自适应鲁棒的交叉耦合同步策略实验结果的性能指标与 LQR 交叉耦合同步控制策略的对比。

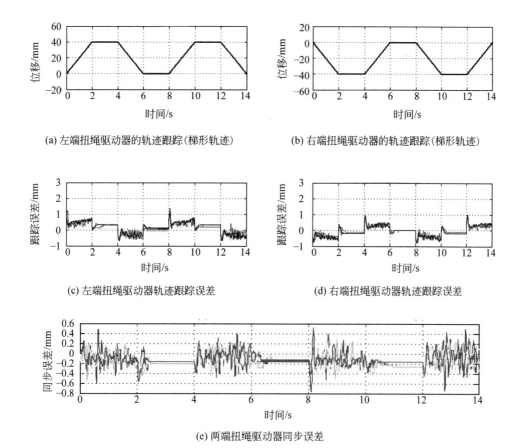

(a) 左端扭绳驱动器的轨迹跟踪(梯形轨迹)　　　(b) 右端扭绳驱动器的轨迹跟踪(梯形轨迹)

(c) 左端扭绳驱动器轨迹跟踪误差　　　(d) 右端扭绳驱动器轨迹跟踪误差

(e) 两端扭绳驱动器同步误差

图 5.6　基于自适应鲁棒控制器的扭绳驱动器跟踪梯形轨迹和双端同步误差

扫码看彩图

表 5.2　两种同步策略的控制效果对比

同 步 策 略	误　　差			
	均方差/mm		最大值/mm	
	同步误差	轨迹跟踪误差	同步误差	轨迹跟踪误差
自适应鲁棒交叉耦合同步	0.0194	0.0653	0.6000	1.0200
		0.0703		1.4190
LQR 交叉耦合同步	0.0354	0.2694(左端)	0.8900	2.3478(左端)
		0.2618(右端)		2.3208(右端)

由表 5.2 中的数据可知,基于自适应鲁棒的交叉耦合同步策略控制的轨迹跟踪与同步精度均大幅高于基于 LQR 的交叉耦合同步策略。对比 LQR 控制器和自适应鲁棒控制器的设计过程可知,LQR 控制在设计中忽略了系统的非线性以及参数时变性等因素对系统的影响。而在自适应鲁棒控制器的设计过程中,使用在线参数估计机制,减小参数变化对系统的影响,并结合非线性鲁棒控制机制将系统的非线性不确定性、参数估计误差以及外部干扰限定在一定的范围,从而给系统提供了较高的目标轨迹跟踪与同步性能,但在提供跟踪精度的同时,自适应鲁棒控制器也消耗了相对于 LQR 控制器更多的控制功率。为了验证自适应鲁棒控制器的抗扰性以及扭绳驱动关节两端扭绳驱动器在不均衡负载条件下的同步误差,通过在扭绳驱动关节一端扭绳驱动器运动中加载 500g 的有效负载来模拟干扰与不均衡负载,对相同的正弦目标轨迹做 10 次轨迹跟踪实验。图 5.7 给出的是扭绳驱动关节在有负载的情况下分别在自适应鲁棒控制和 LQR 优化控制法下跟踪幅值为 60mm、频率为 0.25Hz 的正弦曲线的轨迹跟踪误差与同步误差,在 $t=2$s、6s、10s 给驱动关节左端的扭绳驱动器施加 500g 的有效负载,在 $t=4$s、8s、10s 移除。结果显示,LQR 优化控制法在有效负载加入的情况下,目标跟踪轨迹精度与同步误差相比较于没有负载的情况,并没有明显的变化。如图 5.7 所示,只是在有效负载加入和移除的瞬间产生尖峰,驱动关节并没有发生振荡或变得不稳定,由此可见负载的加入影响了驱动关节瞬时跟踪精度。相比于 LQR 优化控制法,如图 5.7 所示,鲁棒自适应控制器在系统出现外部干扰时,通过参数自适应机制,进行快速的切换,补偿外部干扰对系统的影响,系统的瞬时与稳态跟踪精度都没有受到影响,具有良好的鲁棒性与抗扰性。

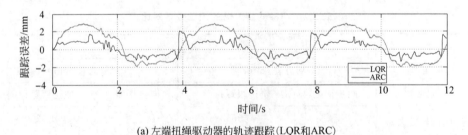

(a) 左端扭绳驱动器的轨迹跟踪(LQR和ARC)

图 5.7　基于自适应鲁棒控制器与 LQR 控制器的扭绳驱动器跟踪上肢运动轨迹对比

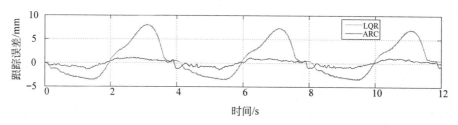

(b) 右端扭绳驱动器的轨迹跟踪(LQR和ARC)

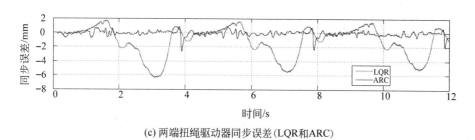

(c) 两端扭绳驱动器同步误差(LQR和ARC)

图 5.7　(续)

扫码看彩图

5.4　基于 Arduino Uno 的自适应鲁棒控制器实现

　　本节之前所设计的控制器,都是通过 MATLAB xPC Target 实时平台[129]实现并验证的,应用 MATLAB xPC Target 实时平台结合 Simulink Toolbox,产生 RTW 代码,下载到 MATLAB xPC Target 的下位机上,可以缩短控制器的实现周期,降低开发成本,是快速实现控制系统原型机的有效途径。但是为了使上肢外骨骼康复训练机器人具有实用性,并降低其尺寸与成本,将控制器移植到嵌入式系统中,是非常有必要的。

5.4.1　Arduino 的介绍

　　Arduino Uno[130]是意大利的一群单片机爱好者基于开放硬件的理念,设计并研制的一种目前非常流行的开放源代码的嵌入式开发平台。平台以 Atmel 公司的 ATmega 8或者 ATmega 168 微处理控制器为核心,结合外围 I/O 电路,与传感器和驱动元件相结合,独立完成控制任务,如图 5.8 所示。表 5.3 给出了 Arduino Uno 的规格参数[131]。

图 5.8　Arduino Uno

表 5.3　Arduino Uno 的规格参数

微 处 理 器	ATmega 328
工作电压	5V
输入电压	7~12V
数字 I/O	14
模拟输入	6
I/O 驱动电流	40mA
Flash 存储	32KB
SRAM	2KB
EEProm	1KB
主频	16MHz

使用英飞凌公司生产的 PWM 大功率直流电机驱动芯片 BTS7960B 来驱动扭绳驱动器的驱动电机,尽管该驱动模块具有高达 43A 的大驱动电流,但发热极低,并且具有较强的直流电机加速与减速效果,由于隔离电路的加入,还可以有效地保护控制器,如图 5.9所示。

图 5.9　BTS7960B

5.4.2　Arduino Uno 的多机通信

本书设计的上肢外骨骼康复训练机器人具有肩关节和肘关节两个扭绳驱动关节,每个扭绳驱动关节需要两个扭绳驱动器进行驱动。由于采用 PWM 驱动方式,所以驱动电路需要使用 12 个数字 I/O 控制驱动电路,还需要 8 个中断来读取四个拉线传感器的数据,考虑到 Arduino Uno 的外设资源,如果只使用一个 Arduino Uno 嵌入式开发平台是不能完成控制任务的。本书采用分布式计算的思想,通过 I²C 总线将 3 个 Arduino Uno 嵌入式开发平台连接在一起[132],将传感器信号采集、控制算法实现、控制信号产生分散到 3 个 Arduino Uno 嵌入式开发平台中,建立一个可以有效采集数据、快速实现控制算法的控制器系统。I²C 总线由时钟线和数据线组成,可以实现控制器之间的数据交换。单独的 Arduino Uno 嵌入式开发平台被并联在 I²C 总线上[133],每个 Arduino Uno 有唯一的地址,通过这个地址实现点对点的双向传输,如图 5.10 所示。

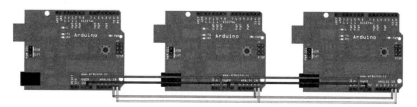

图 5.10　Arduino Uno 的多机通信

5.4.3　控制算法的移植

Arduino 的编程环境相对于 DSP 和 ARM 等嵌入式系统非常简单,使用者不需要对微处理器的寄存器和中断进行操作,只须使用 C++ 或者 AVR C 语言结合各种功能库就可以写出较为完善的程序来感知物理世界和控制设备。Arduino 的软件开源,程序员可以对其扩展或者直接操作微处理器的底层寄存器实现更为复杂的功能。考虑到 Arduino 的高性价比与基于 Simulink 的控制器设计在科研院所与行业中的广泛应用,MathWorks 在 Simulink ToolBox 中增加了对 Arduino 嵌入式平台的支持,Simulink 的模型现在可以直接在 Arduino 硬件平台上独立运行[134]。利用这一工具,无须了解嵌入式系统,就可以直接将本书 5.3 节测试和调试好的控制算法直接移植到 Arduino Uno 上。本书 5.3 节中设计的算法,传感器数据采集、控制算法实现、驱动信号输出都是由同一台计算机完成的,因此在算法的移植过程中,需要将这些任务分布到 3 个单独的 Arduino Uno 中实现,修改后的 Simulink 模型结构,如图 5.11 所示。

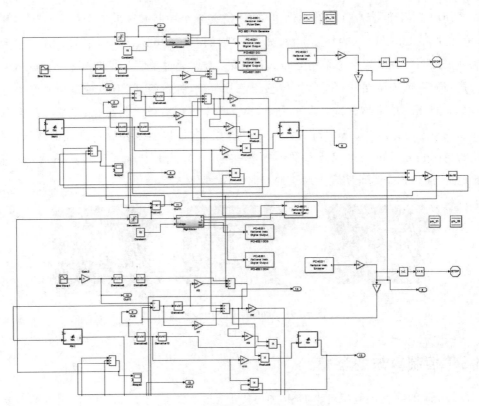

图 5.11   控制算法的 Simulink 模型

5.5   本章小结

本章首先对扭绳驱动系统的非线性进行了分析,指出了扭绳驱动关节位置控制的主要难点:系统的不确定非线性,扭绳物理参数的不确定性与时变性。针对上述问题,提出了一种自适应鲁棒控制算法,通过理论分析和实验证明了自适应鲁棒控制器在控制扭绳驱动关节转动过程中具有良好的瞬态和稳态性能。在自适应鲁棒的基础上又融入了交叉耦合同步策略,相比基于 LQR 优化控制与极点配置的两种同步策略,基于自适应鲁棒控制的交叉耦合同步策略,更为明显地提高了系统的响应速度、目标轨迹跟踪与同步精度。采用分布式算法思想,将通过 MATLAB xPC target 和 Simulink 实验的控制算法,移植到 3 个独立的 Arduino Uno 的嵌入式平台上。

第 6 章

人体上肢运动特征分析

外骨骼机器人与服务机器人、教育机器人等不同,外骨骼机器人需要与人体接触,协助完成人的意图,具有高耦合性,所以外骨骼机器人的设计应该考虑到仿生技术。在上肢外骨骼机器人达到设定的刚度与强度情况下尽可能与人体上肢的生理结构和运动机理相匹配。

6.1 上肢运动轨迹识别

本书利用 Kinect 体感传感器来采集中风患者健侧上肢的的运动数据以识别上肢的骨骼位置信息和运动轨迹。首先,利用红外传感器通过黑白光谱的方式产生每秒 30 帧的周围环境景深图像流。然后,利用 COMS 红外传感器生成 3D 深度图像,通过与周围环境背景的景深图像对比,寻找图像中患者移动的健侧上肢。最后利用分割策略将患者上肢从周围环境背景中分割出来,提取图像中患者上肢肩关节、肘关节和腕关节的空间位置信息,如图 6.1 所示。利用卡尔曼滤波器进行上肢轨迹预测跟踪,生成传递给控制器的患者健侧上肢实时运动轨迹。

6.1.1 人体骨骼的坐标表示

Kinect 体感传感器用 20 个活动关节表示人体骨架中的躯干、四肢与颅骨[135],如图 6.2 所示。当被测人走进 Kinect 视野范围时,被测者 20 个关节节点位置会被 Kinect 监测到,同时 Kinect 输出各个节点的三维 (x,y,z) 坐标。

Kinect 输出三维坐标的单位是米(m),感应器位于右手螺旋坐标系的原点上,其中 z 坐标轴的指向与 Kinect 感应器面对的方向一致,y 轴垂直于感应器,x 轴平行于感应器[136],如图 6.3 所示。为了便于表示,本书将上述坐标表述为骨架空间。

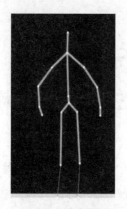

图 6.1　Kinect 采集人体骨架与真人对照图

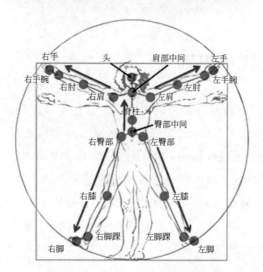

图 6.2　Kinect 中各个关节节点位置

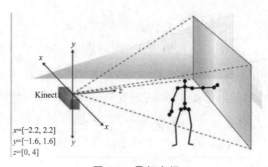

图 6.3　骨架空间

6.1.2　肩关节和肘关节转动角度计算方法

上肢外骨骼康复训练机器人进行目标轨迹跟踪的过程中,患者健侧肩关节和肘关节的转动角度需要被实时监测,因此利用左肩、右肩、左肘关节、右肘关节以及左手腕和右手腕 6 个骨骼节点的位置信息计算患者肩关节和肘关节的转动角度,其他骨骼节点的位置信息作为辅助的阈值判断条件,以提高计算的准确性。

1.肩关节转动的角度

可以利用 Kinect 传感器监测到的肩关节空间三维坐标(x_1, y_1, z_1)与肘关节的空间三维坐标(x_2, y_2, z_2)计算出患者肩关节的转动角度。这两个关节在立体的空间中构成一条直线,由于本书设计的上肢外骨骼康复训练机器人的是平面二自由度机器人,可以假设肩关节和肘关节在转动时处在同一个平面上,因此它们的 z 坐标保持不变,构建肩关节和肘关节两点之间的直线方程:

$$y = k_1 x + b_1 \tag{6.1}$$

式中:

$$k_1 = \tan\theta_1 = \frac{|y_2 - y_1|}{x_2 - x_1} \quad (x_2 \neq x_1) \tag{6.2}$$

由于 b_1 的取值不会影响肩关节转动角度的计算,因此可以忽略对 b_1 的计算。式(6.2)中的 θ_1 即为人体肩关节在采集时刻转动的角度,如图 6.4 所示。

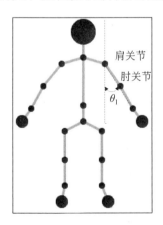
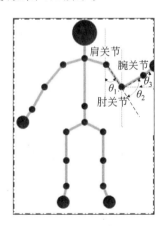

图 6.4　肩关节和肘关节转动角度示意图

$$\theta_1 = \begin{cases} \arctan\left(\dfrac{|\,y_2 - y_1\,|}{x_2 - x_1}\right), & x_2 \neq x_1 \\ 0, & x_1 = x_2 \end{cases} \tag{6.3}$$

2. 肘关节转动的角度

可以利用 Kinect 传感器监测到的肩关节空间三维坐标(x_1, y_1, z_1)、肘关节的空间三维坐标(x_2, y_2, z_2)与腕关节空间三维坐标(x_3, y_3, z_3)计算出患者肘关节的转动角度。肩关节节点和肘关节节点在立体的空间中可以构成一条直线,肘关节节点和腕关节点在立体空间中也可以构成一条直线。由于本书设计的上肢外骨骼康复训练机器人是平面二自由度机器人,可以假设肩关节和肘关节在转动时,这两条直线处于同一个平面,因此它们的 z 坐标保持不变。肩关节和肘关节两点之间的直线方程在式(6.1)中已经获得,肘关节和腕关节构成的直线方程为

$$y = k_2 x + b_2 \tag{6.4}$$

式中:

$$k_2 = \tan\theta_3 = \frac{|\,y_3 - y_2\,|}{x_3 - x_2}(x_2 \neq x_3) \tag{6.5}$$

由于 b_2 的取值不会影响肘关节转动角度的计算,因此可以忽略对 b_2 的计算。式(6.5)中的 θ_3 为人体肩关节与水平线之间的夹角,如图 6.4 所示。

$$\theta_3 = \begin{cases} \arctan\left(\dfrac{y_3 - y_2}{x_3 - x_2}\right), & x_2 \neq x_3 \\ 0, & x_3 = x_2 \end{cases} \tag{6.6}$$

根据图 6.4 中的 θ_1、θ_2 和 θ_3 之间的几何关系,人体肘关节在采集时刻转动的角度 θ_2:

$$\theta_2 = \begin{cases} 90° - \theta_1 + \arctan\left(\dfrac{y_3 - y_2}{x_3 - x_2}\right), & x_2 \neq x_3 \\ 90° - \theta_2, & x_3 = x_2 \end{cases} \tag{6.7}$$

6.2　基于卡尔曼滤波器上肢轨迹跟踪预测

本书使用卡尔曼滤波器来设计上肢轨迹预测跟踪算法,是因为 Kinect 传感器监测到的人体上肢轨迹具有一定的迟滞性。通过卡尔曼滤波器的轨迹预测功能,可以有效地预测患者肩关节和肘关节在下一采集时刻的位置,增加系统的实时性。由于在室内环境下

使用 Kinect 传感器对上肢轨迹进行跟踪,受到的干扰较少,同时 Kinect 使用的深度图本身对环境的变化也具有较好的鲁棒性,这些都为卡尔曼滤波器的准确轨迹预测创造了良好的条件[137]。

6.2.1　卡尔曼滤波器原理介绍

卡尔曼滤波器[138]也被称为线性二次型估计(LQE),是通过分析包含随机噪声的一系列测量观察值和其他系统不确定性,产生对未知变量的精确估计的一种算法。卡尔曼滤波器具有广泛的技术应用范围,常见的应用是制导、导航,尤其是飞机和航天器的控制。此外,卡尔曼滤波器在诸如信号处理和计量经济学领域中也被广泛使用。卡尔曼滤波器以它的发明者鲁道夫·E.卡尔曼命名,由史坦利·施密特首次完成了实现。随着数字信号处理技术的发展,卡尔曼滤波器实现方式相比卡尔曼最初提出的实现方法已经有了极大的改进。

6.2.2　卡尔曼滤波器在轨迹跟踪预测中的应用

卡尔曼滤波器是通过结合被预测物体以前的位置信息与当前时间的观测值,来预测目标在下一帧中可能的位置。所以卡尔曼滤波器中的状态值和观测值都与被跟踪物体的坐标位置信息相关[139],卡尔曼滤波器的证明过程本书不再赘述,仅详细介绍卡尔曼滤波器 5 个核心公式。

一个离散的状态方程被用来描述系统状态变化的过程:

$$x(k) = Ax(k-1) + Bu(k) + w(k) \tag{6.8}$$

系统的测量方程为

$$z(k) = Hx(k) + v(k) \tag{6.9}$$

式(6.8)和式(6.9)中,$x(k)$ 是系统 k 时刻的状态值,$u(k)$ 是系统 k 时刻的输入量。矩阵 A 是系统的状态矩阵,矩阵 B 是系统的输入矩阵。$z(k)$ 是系统 k 时刻的测量值,矩阵 H 是系统的测量矩阵。$w(k)$ 和 $v(k)$ 代表系统的过程噪声与测量噪声,通常用高斯白噪声(White Gaussian Noise)来描述系统的过程噪声与测量噪声,两种噪声的协方差分别为 Q 和 R。

根据式(6.8),由系统的前一个状态可以预测出当前时刻的状态:

$$x(k \mid k-1) = Ax(k-1 \mid k-1) + Bu(k) \tag{6.10}$$

式中，$x(k|k-1)$ 是通过上一个时刻的状态值预测到的当前时刻的值，$x(k-1|k-1)$ 是上一时刻最优的状态值，这里假定系统是无源系统，因此系统的输入量 $u(k)$ 为 0。

更新完系统的状态后，再更新 $x(k|k-1)$ 的协方差。p 代表系统状态值的协方差：

$$p(k|k-1)=Ap(k-1|k-1)A'+Q \tag{6.11}$$

式(6.10)中，$p(k|k-1)$ 代表 $x(k|k-1)$ 的协方差，$p(k-1|k-1)$ 代表 $x(k-1|k-1)$ 的协方差，A' 是 A 的转置矩阵，Q 是系统过程的协方差。式(6.10)和式(6.11)是卡尔曼滤波器的前两个公式，通过它们对系统进行预测。将当前时刻状态的预测结果结合当前时刻的实际测量值，可以得到当前时刻的最优估计值 $x(k|k)$：

$$x(k|k)=x(k|k-1)+Kg(k)z(k)-Hx(k|k-1) \tag{6.12}$$

$$p(k|k-1)=Ap(k-1|k-1)A'+Q \tag{6.13}$$

式(6.12)中，K_g 是卡尔曼增益，通过式(6.12)可以得到当前状态下的最优估计值 $x(k|k)$。为了使卡尔曼滤波器继续在 $k+1$ 时刻工作，还需要更新 k 时刻系统状态 $x(k|k)$ 的协方差：

$$p(k|k)=(L-Kg(k)H)p(k|k-1) \tag{6.14}$$

以上 5 个公式就是卡尔曼滤波器的核心公式。

6.2.3　上肢运动轨迹跟踪预测算法

本书的上肢轨迹跟踪预测算法流程图如图 6.5 所示。人体上肢运动属于非刚体运动，在对上肢运动轨迹进行跟踪预测时，首先要计算出肘关节和肩关节的位置坐标，作为卡尔曼滤波器的输入参数。然后根据上肢在前一帧图像中的坐标信息与当前帧图像中的坐标信息预测估计出上肢在下一采集时刻中的坐标位置，从而实现轨迹的跟踪预测。Kinect 传感器每秒可以拍摄 30 帧图像，相邻两帧图像之间的时间间隔非常小，根据牛顿第二定律可知，上肢的运动轨迹在短时间内不会发生突变。假设相邻两帧之间上肢的运动是匀速运动，利用卡尔曼滤波器对上肢的运动轨迹和参数进行估计。

本书上肢轨迹跟踪算法的实现步骤如下。

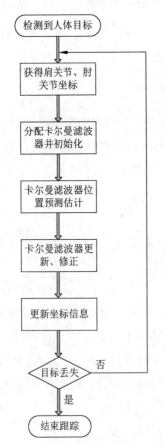

图 6.5　上肢轨迹跟踪算法流程图

（1）从 Kinect 传感器得到人体上肢肩关节和肘关节的位置坐标。

（2）分别给肩关节和肘关节分配卡尔曼滤波器并初始化卡尔曼滤波器的各项参数以及初始状态的位置,利用本书第 3 章建立的人体上肢的动力学模型初始化卡尔曼滤波器状态转移矩阵:

$$\boldsymbol{A} = \begin{pmatrix} 0 & 1 & 0 & 0 \\ -23.6 & -0.84 & -0.22 & 0.71 \\ 0 & 0 & 0 & 1 \\ 1.49 & 0.71 & 1.49 & -2.26 \end{pmatrix} \tag{6.15}$$

（3）轨迹预测。卡尔曼滤波器预测上肢肩关节和肘关节下一时刻的位置是根据肩关节和肘关节前一时刻与当前时刻的坐标进行的。首先将 $\boldsymbol{x}(k-1|k-1)$ 代入预测方程式(6.10)中进行计算得到当前时刻上肢肩关节和肘关节的预测状态 $\boldsymbol{x}(k|k-1)$,然后将 $\boldsymbol{A}$、$\boldsymbol{p}(k-1|k-1)$、$\boldsymbol{Q}$ 代入误差、协方差预测公式中,对肩关节和肘关节轨迹误差的协方差 $\boldsymbol{p}(k|k-1)$ 进行预测。当完成对下一时刻肩关节和肘关节轨迹的预测后,需要进行卡尔曼滤波器本身的修正与更新。通过式(6.13)计算出卡尔曼滤波器增益系数 K_g,将此增益系数和系统状态测量值 Z_k 代入系统状态修正方程式(6.12)中,得到根据当前实际测量修正后的系统状态值 $\boldsymbol{x}(k|k)$,利用式(6.14)得到修正后的协方差矩阵 $\boldsymbol{p}(k|k)$。

6.2.4 实验结果分析

本书是在室内实验室环境下,使用 Kinect 体感传感器采集患者健侧上肢运动过程中的图像数据,通过 Visual Studio 2012 软件开发平台和 OpenCV 函数库,使用 Visual Basic 语言对采集到图像数据进行分析处理,实现人体上肢肩关节和肘关节运动轨迹的跟踪预测[140]。为了验证轨迹预测的准确性,本实验招募了三个志愿者,让他们执行相同的动作,并用 Kinect 传感器采集整个运动过程的视频数据。具体的实验过程是让志愿者拿起位于其正前方桌子上的一个杯子,拿到胸口的高度以后,再把杯子放回到正前方桌子上。完成这一动作大概需要 6s,每个志愿者需要重复这个动作三次,如图 6.6 所示。

尽管 Kinect 体感传感器每秒可以抓取 30 帧的图像数据,但考虑到康复治疗过程中患者的动作频率较低,一般不会超过 3Hz。为了减少传感器的数据传输数量与系统计算开销,每秒只抓取 Kinect 体感传感器 30 帧图像数据中的 5 帧,用来计算人体上肢肩关节和肘关节的位置。利用本章介绍的肩关节和肘关节转动角度计算方法,对表 6.1 中采集

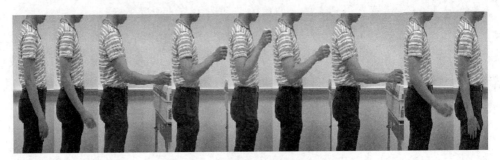

图 6.6　志愿者上肢运动的轨迹

到的志愿者肩关节、肘关节和腕关节空间二维坐标进行计算处理,得到志愿者在完成指定动作的过程中上肢肩关节和肘关节在每个采集时刻的角度即上肢的运动轨迹,如表 6.2 所示。

表 6.1　志愿者 0～6s 的上肢各个关节的坐标

时间/s	肩关节坐标		肘关节坐标		腕关节坐标	
	x	y	x	y	x	y
0	290	89	295	236	346	355
0.2	290	89	295	236	346	355
0.4	290	89	295	236	346	355
0.6	290	89	295	236	346	355
0.8	290	89	295	236	346	355
1	290	89	295	236	346	355
1.2	285	83	280	231	371	342
1.4	285	85	292	220	432	263
1.6	293	89	333	230	477	215
1.8	290	96	346	196	491	217
2	293	87	357	203	495	221
2.2	292	85	356	210	495	225
2.4	296	91	362	209	494	221
2.6	297	89	354	204	494	219

续表

时间/s	肩关节坐标		肘关节坐标		腕关节坐标	
	x	y	x	y	x	y
2.8	297	89	355	209	488	205
3	295	92	341	205	469	179
3.2	295	82	324	203	437	154
3.4	294	81	314	197	412	129
3.6	291	93	310	197	390	111
3.8	285	89	304	195	380	108
4	297	90	299	196	380	110
4.2	277	89	299	197	383	112
4.4	279	93	300	199	390	122
4.6	277	93	304	200	410	136
4.8	280	92	315	202	424	150
5	279	92	323	202	445	174
5.2	282	91	340	209	468	197
5.4	288	93	348	209	482	213
5.6	292	98	352	205	494	222
5.8	298	94	361	206	494	224

表 6.2　志愿者 0～6s 的上肢肩关节和肘关节的转动角度

时间/s	志愿者 1 的肩关节 转动角度/(°)	志愿者 1 的肘关节 转动角度/(°)	志愿者 2 的肩关节 转动角度/(°)	志愿者 2 的肘关节 转动角度/(°)	志愿者 3 的肩关节 转动角度/(°)	志愿者 3 的肘关节 转动角度/(°)
0	1.9481	21.2505	8.8807	13.9781	4.6409	19.1245
0.2	1.9481	21.2505	8.8807	13.9781	4.6409	19.1245
0.4	1.9481	21.2505	8.8807	13.9781	4.6409	19.1245
0.6	1.9481	21.2505	8.8807	13.9781	4.6409	19.1245
0.8	1.9481	21.2505	8.8807	13.9781	4.6409	19.1245

续表

时间/s	志愿者1的肩关节转动角度/(°)	志愿者1的肘关节转动角度/(°)	志愿者2的肩关节转动角度/(°)	志愿者2的肘关节转动角度/(°)	志愿者3的肩关节转动角度/(°)	志愿者3的肘关节转动角度/(°)
1	1.9481	21.2505	8.8807	13.9781	4.6409	19.1245
1.2	−1.9349	41.2805	8.8807	13.9781	2.1169	32.1440
1.4	2.9682	69.9578	8.8807	13.9781	5.3040	50.7843
1.6	15.8380	80.1089	9.3982	15.9031	13.8660	58.1140
1.8	29.2488	52.5105	10.7131	41.2551	23.0827	49.8088
2	28.8866	53.6820	17.3824	53.8098	25.3816	55.3410
2.2	27.1125	56.7284	25.0744	53.3034	27.1514	57.1288
2.4	29.2193	55.5863	28.9154	48.0016	29.9804	54.3717
2.6	26.3654	57.5191	32.0054	44.3676	29.2996	54.2471
2.8	25.7960	65.9266	28.6105	51.0137	27.6394	62.2375
3	22.1502	79.3318	28.4602	50.0811	25.2125	70.5965
3.2	13.4778	99.9651	23.3254	62.5890	17.6242	88.7612
3.4	9.7824	114.9735	15.1645	77.3803	12.1211	104.1373
3.6	10.3533	126.7167	5.9806	94.0801	9.0023	118.1163
3.8	10.1621	128.6986	−0.5509	105.0854	6.3960	123.5866
4	1.0809	135.6340	−1.5766	114.3126	0.1035	131.6009
4.2	11.5138	123.8252	−0.5305	113.2665	7.2824	123.5276
4.4	11.2060	119.3429	3.3019	103.1154	8.5386	116.7567
4.6	14.1622	106.9603	10.6539	86.8787	13.2539	102.5381
4.8	17.6501	97.8540	18.2726	72.1582	18.4162	91.0252
5	21.8014	81.1246	25.7256	60.5698	23.9467	75.7475
5.2	25.1753	69.1805	28.0725	52.6630	27.6815	64.9793
5.4	27.3499	60.9403	25.3242	56.3215	27.4006	61.0134
5.6	29.2814	53.8917	25.1310	55.1826	28.9627	55.9990
5.8	29.3578	52.9348	27.7585	53.7525	29.6308	54.8336

将人体上肢肩关节、肘关节和腕关节的位置坐标作为输入参数输入到卡尔曼滤波器中,然后通过卡尔曼滤波器预测出下一时刻人体上肢肩关节、肘关节和腕关节的位置坐标。比较预测的轨迹和 Kinect 传感器捕捉到的轨迹,能够得出卡尔曼滤波器可以较为准确地对人体上肢运动轨迹进行预测。从图 6.7 和图 6.8 可知,卡尔曼滤波器预测的人体肩关节和肘关节的运动轨迹与 Kinect 捕捉的人体肩关节和肘关节实际运动轨迹基本吻合。

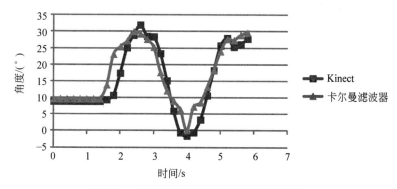

图 6.7　卡尔曼滤波器预测肩关节转动角度

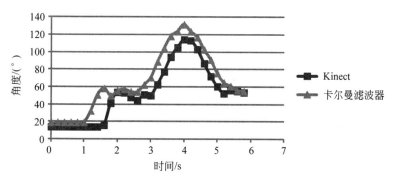

图 6.8　卡尔曼滤波器预测肘关节转动角度

6.3　人体上肢运动轨迹跟踪

由于上肢外骨骼康复训练机器人最终是用来跟踪患者健侧上肢的实时运动轨迹的,相比于正弦和梯形轨迹的可预测性,人体上肢的运动轨迹具有随机性和不可预测性,因此如果只用正弦和梯形轨迹验证基于自适应鲁棒的交叉耦合同步策略,并不能保证在实际应用中上肢外骨骼康复训练机器人可以准确地跟踪人体上肢的运动。

　　本书将使用 Kinect 体感传感器捕捉到的志愿者从面前的桌子拿起水杯并放回桌子过程中肘关节的运动轨迹来验证控制策略的有效性,如图 6.9 所示。图 6.10 展示的是扭绳驱动关节左右两端扭绳驱动器跟踪人体肘关节运动轨迹的跟踪曲线与两端扭绳驱动器的同步误差曲线,在基于自适应鲁棒的交叉耦合同步策略控制下,扭绳驱动关节运动平稳,无明显的振动。由于图 6.9 中人体肘关节的运动轨迹初始值不为 0,因此在开始阶段扭绳驱动关节的实际运动轨迹略滞后于肘关节的运动轨迹。在 2s 以后,扭绳驱动关节的实际运动轨迹与肘关节的运动轨迹基本吻合,目标轨迹跟踪误差最大值为 2.2mm,两端扭绳驱动器同步误差的最大值为 1.3mm。由此可见,基于自适应鲁棒的交叉耦合同步控制策略对于没有规律可言的任意上肢运动轨迹依然有效且能保持较高的目标轨迹跟踪精度与扭绳驱动关节两端扭绳驱动器的同步误差精度。

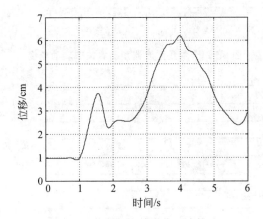

图 6.9　人体上肢肘关节运动轨迹

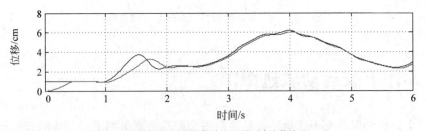

(a) 左端扭绳驱动器的轨迹跟踪(肘关节轨迹)

图 6.10　基于自适应鲁棒控制器的扭绳驱动器跟踪人体上肢运动轨迹

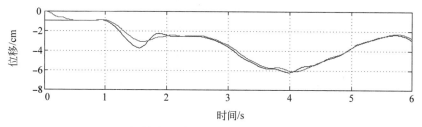

(b) 右端扭绳驱动器的轨迹跟踪(肘关节轨迹)

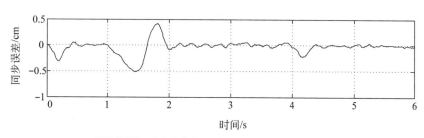

(c) 两端扭绳器同步位移的偏差(基于ARC的交叉耦合同步策略)

图 6.10　(续)

扫码看彩图

6.4　本章小结

　　本章主要介绍了 Kinect 体感传感器的功能和特点,深入研究了 Kinect 的深度图像技术原理和骨骼跟踪技术,以及如何利用 Kinect 采集人体的上肢运动轨迹。本章还介绍了如何将 Kinect 骨骼跟踪技术与卡尔曼滤波器结合预测人体的上肢行为轨迹。最后采用预测的上肢行为轨迹来验证自适应鲁棒控制器的控制效果。

第 7 章
下肢生理结构与运动机理

在医疗方面,步态训练是下肢功能障碍康复训练的主要方式,机械外骨骼可以应用在神经康复领域的特定训练中,能够保证高效的康复训练,因此非常适合老年人和残疾人使用。在外骨骼机器人的帮助下,中风患者可以比传统的物理治疗更快恢复手臂运动能力。传感器可以检测肌肉力量、运动范围和脑活动,还能把患者的进展告知治疗师。这类机器人还有助于重新训练大脑,使健康的区域能够补偿损伤的区域。机器人系统还帮助患者重新学习步行和其他运动技能。从解剖学的角度看,人的躯体室友骨、骨连接和骨骼肌组成,全身骨骨间借关节连成骨骼,构成主体人体支架。在运动过程中,骨、骨连接主要起杠杆作用,而具体的肢体关节是运动的枢纽,骨骼肌是运动的动力来源和主要执行部件。因此研究人体的下肢生理结构和运动机理,对于外骨骼机器人的步态控制研究具有重要的意义。

7.1 人体空间坐标系

深入了解下肢各关节组织的解剖结构,对分析人体下肢运动有着重要意义。运动分析首先需要确定人体结构在三维空间中的准确位置。如图 7.1 所示为空间坐标系下的标准解剖姿势,身体自然直立,双眼向前平视,双足并拢,足尖朝前,双上肢自然垂于躯干两侧,前臂呈旋后位,掌心向前。

从图中可知,人体被分为 3 个切面,分别是矢状面、冠状面和水平面。矢状面是沿身体左右对称的中心轴线纵切形成的面,将身体分为左右两部分;冠状面也称为额状面,是沿身体左右侧面两个髋关节中心连接线纵切与水平面垂直的面,将身体分为前后两部分;水平面也称为横切面,是在肚脐部位沿平行于地面横切形成的面,将身体分为上下两部分。矢状面、冠状面和水平面在空间中相互垂直相交形成 3 个轴,其中矢状轴是矢状面和水平面相交而成的轴,与冠状面相垂直;冠状轴也称为额状轴,是冠状面和水平面相

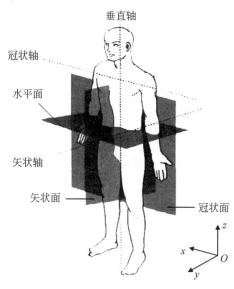

图 7.1 人体空间坐标系

交而成的轴,与矢状面相垂直;垂直轴是冠状面和矢状面相交而成的轴,与水平面相垂直。

7.2 下肢关节及其运动特点

人体下肢运动系统由下肢骨、下肢骨连接和下肢骨骼肌组成,主要的功能是运动、支持和保护。在神经支配下,下骨骼肌收缩,牵引其所附着的下肢骨,以可动的下肢骨连接为枢纽,产生杠杆运动。下肢骨连接根据连接的方式分为直接连接与间接连接,其中间接连接也称为关节,髋关节、膝关节和踝关节是人体下肢运动的主要关节。

髋关节是人体最大的负重关节,属于球窝关节,由股骨头与髋臼构成,其关节囊厚而紧。关节囊外有韧带加强,其中最大的是位于前方的髂骨韧带,该韧带可以防止大腿过度后伸,对维持人体的直立具有很大作用。髋关节为多轴性关节,具有 3 个自由度,能够绕冠状轴作屈伸运动,绕矢状轴作内收、外展运动,绕垂直轴作旋内、旋外运动以及环转运动。因为受到髋臼的限制,髋关节的稳固性较强,可以适应其支持人体负重和行走的功能,但是髋关节的灵活性相对较差。图 7.2 展示的是髋关节结构。

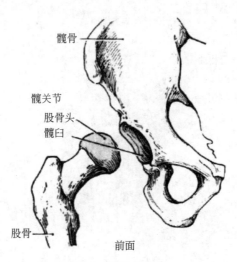

髋骨

髋关节

股骨头
髋臼

股骨

前面

图 7.2　髋关节结构

膝关节是人体内最大、结构最复杂的关节,由股骨内、外侧髁和胫骨内、外侧髁以及髌骨组成。膝关节囊广阔而松弛,各部厚薄不一,囊内具有连接股骨与胫骨的前交叉韧带和后交叉韧带,两者呈相互交叉排列状。前交叉韧带附着在间前窝,斜向后外方,止于股骨外侧髁内面的后方,在伸膝情况下最紧张,具有防止胫骨前移的作用;而后交叉韧带位于前交叉韧带内侧,与前交叉韧带相比较短,在屈膝情况下最紧张,具有防止胫骨后移的作用。膝关节主要绕冠状轴作屈伸运动;在屈膝的状态下,能够绕垂直轴作轻微的旋内、旋外运动。图 7.3 展示的是膝关节结构。

踝关节包括距小腿关节、跗骨间关节、跗跖关节、跖骨间关节、跖趾关节和趾骨间关节。其中距小腿关节也称为踝关节,由胫、腓骨下端的关节面与距骨滑车组成,具有 3 个自由度。踝关节在冠状轴上能够作背屈(伸,足尖向上,足与小腿间的角度小于 90°)和跖屈(屈,足尖向下,足与小腿间的角度大于 90°)运动。当跖屈时,距骨滑车较窄的后部进入较宽大的关节窝,因此可以在矢状轴上作轻微的收、展运动。图 7.4 展示的是踝关节结构。

表 7.1 列出了人体下肢主要关节活动度的平均参考值,它为下肢外骨骼机器人步态预测提供了重要参考。

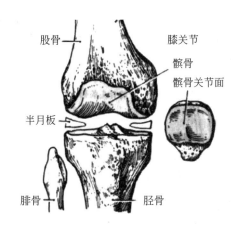

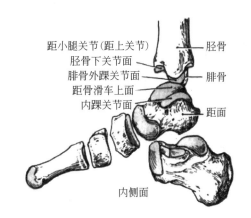

图 7.3　膝关节结构　　　　　　　　图 7.4　踝关节结构

表 7.1　下肢关节活动度值

关　　节	髋　关　节						膝　关　节	踝　关　节	
活动类型	屈	由伸到屈	外展	内收	旋内	旋外	由伸到屈	背屈	跖屈
活动度参考值/°	120	135	45	30	45	45	135	20	50

　　在人体正常行走时最显著的运动是髋关节、膝关节、踝关节的屈伸运动,因此本书主要考虑下肢三大关节的运动情况。

　　髋关节角度定义为身体躯干纵轴与股骨纵轴之间的夹角;膝关节角度定义为股骨纵轴延长线与胫骨纵轴平行线的夹角;踝关节角度定义为第五跖骨与腓骨外侧中线之间的夹角减去 90°。关节角度定义如图 7.5 所示。

　　站立时髋关节角度、膝关节角度和踝关节角度的大小均为 0°,3 个角度分别通过固定在大腿、小腿和脚上的姿态传感器解算得出,根据关节角度定义和姿态角度定义,得到各关节角度与姿态角度的关系为

$$\theta_h = 90 - \text{roll\_thigh} \tag{7.1}$$

$$\theta_k = \text{roll\_shank} - \text{roll\_thigh} \tag{7.2}$$

$$\theta_a = 90 - \text{roll\_shank} + \text{roll\_foot} \tag{7.3}$$

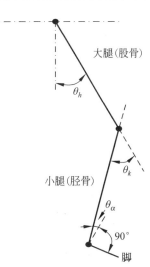

图 7.5　关节角度定义

其中 θ_h、θ_k 和 θ_a 分别表示髋关节角度、膝关节角度和踝关节角度，roll_thigh、roll_shank 和 roll_foot 分别表示大腿、小腿和脚面上传感器输出的姿态角度。直线行走时下肢的三大关节角度变化具有明显的周期特性。髋关节角度变化曲线近似正弦函数，膝关节的曲线近似 $\frac{\sin x}{x}$ 函数，而踝关节呈现出类似 W 形的周期函数，如图 7.6 所示。

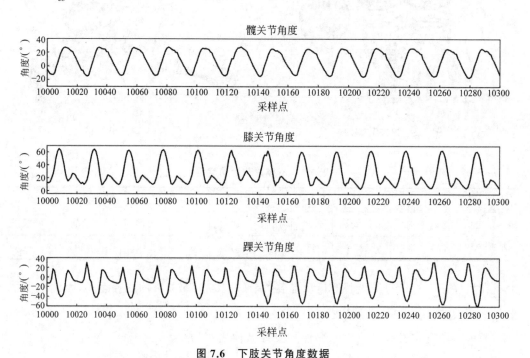

图 7.6   下肢关节角度数据

7.3   步态特征分析

行走是人在出生之后，伴随着发育过程不断实践而学习得到的一种能力，是人体通过下肢的髋关节、膝关节、踝关节以及足趾的一系列连续活动，牵引身体朝着一定方向运动的过程。步态体现了人体行走的姿态与行为特征，它包含了步幅、步长以及步速等，对人体下肢步行规律进行的研究叫作步态分析。步态分析是下肢外骨骼机器人研究中的重要环节，从生物力学和运动学的角度来分析人体正常行走过程中的步态特征，是下肢外骨骼机器人步态机理、步态控制和稳定控制研究的基础。

　　步态分析中通常涉及的步态参数包括步态周期、运动学参数、动力学参数与肌电活动参数等。相邻两个同一下肢姿态之间的时间间隔,比如人行走时单侧下肢足跟触地至该侧下肢足跟再次触地的时间段,被称为一个步态周期。运动学参数有时间参数、距离参数与时间-空间参数等,其中时间-空间参数是对人体步行过程中髋关节、膝关节和踝关节的运动规律(比如角度、速度、加速度等)、人体重心位置变化规律和骨盆位置变化规律等的反映。动力学参数是指人体重心点、关节力矩、地反力、肌肉活动等与步态相关的力学参数。肌电活动参数主要指的是人体步行过程中下肢各个肌肉组织的电活动。

　　根据上述步态分析的步态参数,采用不同的传感器设备就可以采集到不同的步态特征数据,主要的步态特征数据有下肢关节数据、足底压力信号、下肢力矩数据、肌肉群肌电信号、脑电波信号以及基于视频的图像数据等,对步态特征数据进行分析得到步态信息。本书选用姿态角度传感器与压力传感器进行数据采集,主要采用的步态特征数据为下肢运动数据与足底压力信号,其中下肢运动数据包括大腿、小腿、脚的运动加速度数据、角速度数据与姿态角度数据。

7.4　步态周期划分

　　为了更好地进行步态的预测,需要对步态周期再进行阶段细分,将划分之后的每个阶段作为步态预测的结果选项。通常可以把一个步态周期划分为不同的相位,每一个步态周期都可以分为支撑相和摆动相两个大阶段。支撑相是指下肢接触地面和承受重力的时间,即在行走过程中与地面始终有接触的阶段,约占步态周期的60%;摆动相是指足离开地面向前迈步到再次落地之间的时间,约占步态周期的40%。

　　支撑相细分为站立前期、站立中期和站立后期,摆动相细分为摇摆前期、摇摆中期和摇摆后期,共 6 个阶段[141],如图 7.7 所示为正常行走周期单腿的步态划分。

　　步态周期每个阶段典型的运动状态和特点描述如下。

　　站立前期属于双足支撑期,有两个典型状态:脚跟触地与全足着地,该时期的人体重心在整个步态周期中最为稳定。站立前期开始于脚跟触地的动作,脚跟触地后下肢的前向运动逐渐减慢。人体重心在脚跟触地后由脚跟向全脚掌转移,达到全足着地的状态。

　　站立中期是开始于全足着地的状态,此刻人体重心转移到支撑脚上,从双足支撑期向单足支撑期转变。站立中期阶段的全足着地状态能够保持下肢膝关节的稳定性,防止

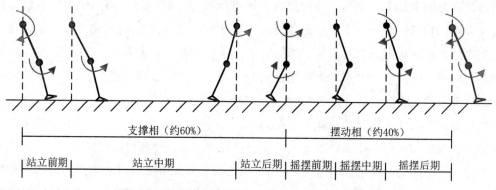

支撑相（约60%）　　　　　　　　　　摆动相（约40%）

| 站立前期 | 站立中期 | 站立后期 | 摇摆前期 | 摇摆中期 | 摇摆后期 |

图 7.7　正常行走周期下以单腿为对象的步态划分

下肢发软，并且牵引胫骨向前运动，为摆动期人体的前向运动做准备。

站立后期同样包含两个典型状态：足跟离地与脚尖离地。双足支撑相始于足跟离地状态，此刻另一侧下肢脚跟触地期，即站立前期。进入脚尖离地状态，下肢膝关节开始加速运动，此时肌肉释放能量，人的身体逐渐前移，准备进入摆动期。

摆动前期阶段人体下肢加速向前摆动，双脚相间，下肢膝关节达到最大摆动角度值，避免脚尖碰到地面，此时膝关节处于屈曲状态。

摆动中期阶段人体下肢摆至身前，髋关节处于屈曲状态，踝关节从跖屈状态转变为背屈状态，人体向前摆动并且重心前移。

摆动后期阶段人体下肢的各关节运动开始减速，结束于脚跟触地。

本书将上述步态的 6 个阶段作为下肢外骨骼步态预测模型的预测分类，预测分类序号 1～6 分别对应于站立前期、中期、后期与摆动前期、中期、后期。

7.5　数据采集系统方案设计

下肢外骨骼机器人数据采集系统由多个传感器组成，获取某一种数据的传感器可供选择的类型有很多种，但是每个种类的传感器所能够达到的精度不尽相同，选择高精度的传感器所采集的数据误差更小，但是成本更高，因此在选择传感器时应该充分考虑测量精度与成本，在满足系统需要的前提下尽可能选择合适的传感器。为了让传感器采集的数据充分映射下肢外骨骼机器人的运动特征，也需要对传感器的选型和安装位置进行充分考虑。

如图 7.8 所示为下肢外骨骼系统框图,24V 电源通过 DC-DC 模块转 5V 为主控板(树莓派)提供电源,通过传感器实时测量人体下肢步态运动航姿和足底压力分布。选用姿态角度传感器采集下肢运动数据,压力传感器采集足底压力信号。姿态角度传感器通过 RS232 串口与主控板进行通信,压力传感器获取的模拟信号经过 ADS1256 转换成数字信号并通过 SPI 总线与主控板进行通信,步态预测模型对于获取的实时数据进行预测,最后主控板将预测结果传输至下肢外骨骼机器人电机驱动器。

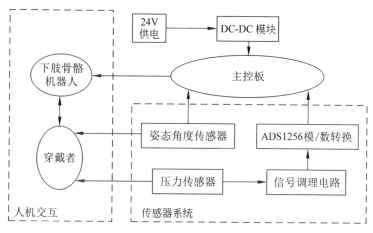

图 7.8　下肢外骨骼系统框图

7.5.1　姿态角度传感器

JY901 模块是深圳维特智能科技有限公司自主研发的一款 9 轴姿态角度传感器,该模块集成了高精度的陀螺仪、加速度计以及地磁场传感器,采用高性能的微处理器,内置动力学解算与卡尔曼滤波器,能够计算姿态角度传感器的实时姿态。

JY901 模块的性能参数如下。

(1) 体积小,方便安装,尺寸大小为 15.24mm×15.24mm×2mm;

(2) 模块带有电压稳定电路,工作电压为 3～6V,工作电流小于 25mA;

(3) 数据输出频率为 0.1～200Hz;

(4) 可以测量出三维加速度、三维角速度、三维角度、三维磁场以及时间等数据,用户可以根据需要进行选择;

(5) 拥有 4 路扩展端口,可以分别配置为数字输入、数字输出、模拟输入以及 PWM

输出等功能;

（6）支持串口通信和 I^2C 通信接口,串口通信波特率范围为 $2400\sim921600b/s$, I^2C 最大支持速率为 400kHz。

JY901 模块的核心控制器型号为 STM32F051K8,运动处理单元型号为 MPU9250。MPU9250 能够采集加速度、角速度与磁感应强度数据,控制器 STM32F051K8 根据采集的 3 种原始数据来计算欧拉角和四元数,经过卡尔曼滤波解算出实际的角度值,通过串口通信或者 I^2C 传输数据至上位机。如图 7.9 所示为 JY901 模块管脚连接以及轴向图。

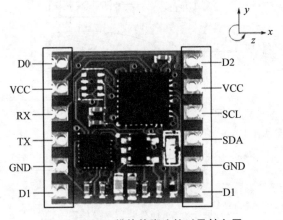

图 7.9　JY901 模块管脚连接以及轴向图

模块的轴向显示在图的右上方, x 轴朝右, y 轴朝上, z 轴垂直图片朝外。旋转方向根据右手螺旋定则,即右手四指弯曲,大拇指与四指相互垂直,当大拇指指向某一轴的轴向时,四指弯曲所指的方向就为绕该轴旋转的方向。 x 轴角度即为绕 x 轴旋转方向的角度, y 轴角度即为绕 y 轴旋转方向的角度, z 轴角度即为绕 z 轴旋转方向的角度。

7.5.2　微控制器 STM32F051K8

JY901 模块微控制单元使用的芯片属于 STM32F051xx 系列,STM32F051xx 系列芯片的技术参数如下。

（1）采用了高性能 32 位 ARM Cortex™-M0 的 RISC 内核,其工作频率最高可达 48MHz;

（2）拥有高速嵌入式闪存,其中 SRAM 容量为 8KB,FLASH 容量为 16~64KB;具

有 I/O 口,多达 55 个;

(3) 电压工作范围为 2.0～3.6V;

(4) 具有一个 12 位 ADC 和一个 12 位 DAC;

(5) 拥有定时器,多达 11 个;

(6) 通信接口支持 I²C、USART 和 SPI 通信。

7.5.3 运动处理单元 MPU9250

MPU9250 是一款 9 轴运动处理单元,采用了 3mm×3mm×1mm QFN 封装,可以通过 I²C 或 SPI 与单片机进行数据传输,最高传输速率可达 400kHz/s。MPU9250 可应用在无须触碰操作的技术、手势控制、体感游戏控制器、PS4 或 XBOX 等游戏手柄控制器以及可穿戴的健康智能设备等领域。

MPU9250 具有 3 个 16 位的加速度 AD 输出,3 个 16 位的陀螺仪 AD 输出,3 个 16 位的磁力计 AD 输出。加速度计的测量范围最大为 ±16g(g 为重力加速度),陀螺仪的角速度测量范围为 −2000～+2000°/s,电子罗盘的数据采集使用了高灵敏度霍尔型传感器,它的磁感应强度测量范围为 −4800～+4800μT。MPU9250 的一体化设计、运动性融合与时钟校准功能,避免了多个传感器组合的轴间差问题,缩小了传感器体积,同时降低了系统功耗。图 7.10 与图 7.11 为 MPU9250 轴灵敏度和方向的示意图,"·"表示正面。

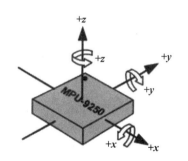

图 7.10 加速度和陀螺仪方向和极性

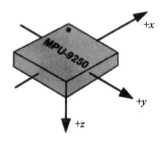

图 7.11 电子罗盘方向

7.5.4 四元数与欧拉角

人体下肢姿态可以采用多种数学方式来进行表示,最为常见的数学方式有四元数、欧拉角、旋转矩阵与轴角。四元数主要用在惯导系统陀螺运算姿态表示中；欧拉角主要用在航空领域上；旋转矩阵通常用在工业机器人等有级联旋转的机构上；轴角主要应用在一些需要简单描述的刚体旋转运动中。每一种数学表达方式都有自身的优点，因此在不同领域当中就会使用不同的数学方式来表示，在姿态角度传感器中采用的数学表达方式有两种，分别为四元数与欧拉角。

四元数是由爱尔兰数学家威廉·卢云·哈密顿在 19 世纪 40 年代初提出的数学概念，四元数在代数上是复数的扩展，就像复数是实数的扩展一样，但四元数是不可交换的。如果把四元数的集合想象为多维实数空间，那么四元数集合就表示为一个四维空间，相对于复数就为二维空间。四元数最早的概念方程为

$$i^2 = j^2 = k^2 = ijk = -1 \tag{7.4}$$

最早的概念方程虚数只有 1 个虚部，但是它构建了一个二维空间。四元数有 3 个虚部，其构建了一个四维空间，四元数每一个维度的单位之间构成了一个除法环的概念。除法环的表达式为

$$i \times j = k, \quad j \times k = i, \quad k \times i = j \tag{7.5}$$

四元数每个维度的关系可以参考图 7.12，从图中能够观察到四元数的乘法是不满足乘法交换律的，但是满足乘法结合律。四元数与乘法可以构成一个群论中"群"的概念，1 在这个"群"当中被作为单位元。

图 7.12　四元数乘数法则

单位四元数的 4 个参数可以被用来描述空间中某一个物体绕着一个经过该物体的坐标系原点的一个向量所旋转的特定角度。这个角度的大小和单位四元数的标量部分是相对应的，而这个向量和四元数的矢量部分是相对应的。四元数常见于计算机绘图及相关的图像分析领域中表示三维物件的旋转及方位，四元数也应用于信号处理、姿态控制、物理和轨道力学的旋转及方位等领域。

与欧拉角、旋转矩阵和轴角这几种旋转表示方法相比较，可以发现四元数拥有某些方面的优势，比如提供平滑插值，能够防止万向节死锁问题的出现以及存储空间较小等。

欧拉角被莱昂哈德·欧拉用来描述刚体的三维旋转，欧拉在 18 世纪 70 年代中期根据简单的几何论述证明了旋转定理，欧拉旋转定理使用 3 个欧拉角来表示在三维空间中

的任一参考系。参考系也被称作实验室参考系,它被设定为静止不动的,而坐标系则固定于刚体,它随着刚体的旋转而旋转。

任何一个三维空间的旋转都可以用 3 个旋转的参数来表示,即为欧拉角所描述的绕 3 个轴的旋转角度,分别叫作 Pitch、Yaw、Roll。这 3 个旋转角度的叫法来自于航空领域,翻译成中文则分别表示俯仰角、偏航角、翻滚角,并且它们不一定分别代表绕坐标系 x 轴、y 轴、z 轴的旋转值。

7.5.5　压力传感器

薄膜压力传感器(Force Sensitive Resistor,FSR)由导电聚合物构成,类似于电阻。薄膜压力传感器在表面承受压力的情况下,将该区域的压力转换为电阻值的变化,从而得到压力信号。

薄膜压力传感器具有体积小、重量轻、价格低的优点。除此之外,薄膜传感器具有一定的柔性和良好的抗冲击性,在相对恶劣的环境中依然能够保持良好的工作特性,被广泛应用于压力感知、人机交互、智能机器人、电子医疗器械、可穿戴设备、生理健康检测等领域。

如图 7.13 所示为薄膜压力传感器的结构,图 7.14 为薄膜压力传感器的压力-阻值变化曲线。当所承受的压力越大时,阻值就越低,并且两者函数关系是非线性的。

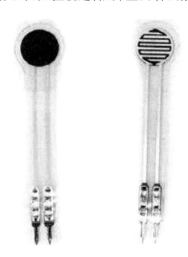

图 7.13　薄膜压力传感器

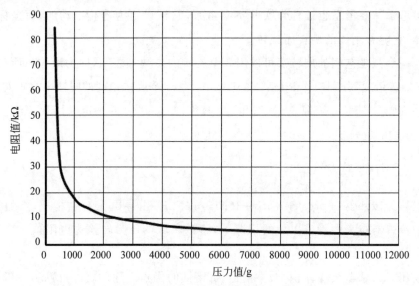

图 7.14   压力-阻值变化曲线

7.6   传感器部署方案

通过设计下肢数据采集系统来获取正常行走时人体下肢的运动数据,采集的运动数据包括髋关节、膝关节与踝关节的姿态角度与角速度数据,大腿与小腿运动时的加速度数据和足底分布式压力信号数据。

如图 7.15 所示为下肢数据采集系统示意图,下肢数据采集系统主要包括 3 个姿态角度传感器、3 个 FSR 薄膜压力传感器以及相关电路。3 个姿态角度传感器分别安装固定在股骨、胫骨以及足背部位。3 个薄膜压力传感器组成足底压力测量模块放置于足下,FSR 薄膜压力传感器安装部位如图 7.16 所示,因为脚前掌承受的重力相对较大,并且能够控制人体的左右平衡,所以在鞋垫的脚前掌部位安装 2 个薄膜压力传感器,在鞋垫的脚后跟部位安装 1 个薄膜压力传感器。

姿态传感器模块内部根据内置的动力学解算与卡尔曼动态滤波算法,能够计算在动态环境下的实时姿态,输出人体下肢的髋关节、膝关节与踝关节的姿态角度与角速度数据,大腿与小腿运动时的加速度数据。足底压力测量模块根据薄膜压力传感器测得鞋垫上的受力情况,并输出电压信号。

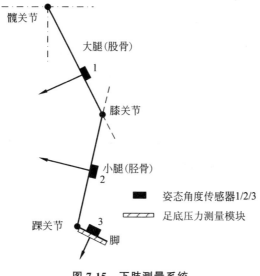

图 7.15　下肢测量系统

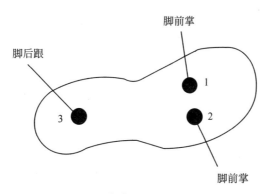

图 7.16　FSR 薄膜压力传感器安装示意

7.7　实验数据采集

7.7.1　姿态角度传感器数据采集

在姿态角度传感器中,运动处理单元 MPU9250 的陀螺仪和加速度计可以分别输出 3 个维度的陀螺仪值、3 个维度的加速度值与 3 个维度的磁场值,并且每一个值的精度都是 16 位。同时运动处理单元 MPU9250 还能输出经过其内部解算后的姿态角度信息的姿态角度数据,主要的姿态角度数据包括俯仰角、翻滚角与偏航角。

姿态角度传感器所得到的 AD 值首先转化成四元数,然后根据四元数与欧拉角的关系转化成为欧拉角。转化成四元数可以是通过软件解码,姿态角度传感器主控芯片 STM32F051K8 先读取到 AD 值,再用软件对 AD 值进行解算,也有可以是通过 MPU9250 中的 DMP 硬件解码,姿态角度传感器主控芯片 STM32F051K8 再直接读取四元数。

姿态角度传感器输出的是数字量,在上位机按照相应的通信协议进行处理就能够得到。下面是部分 JY901 模块传输至上位机的通信协议。

1. 加速度输出

0x55	0x51	AxL	AxH	AyL	AyH	AzL	AzH	TL	TH	SUM

计算方法如下。

$$a_x = ((AxH << 8) \mid AxL)/32768 \times 16g(g\ 为重力加速度,可取\ 9.8m/s^2)$$

$$a_y = ((AyH << 8) \mid AyL)/32768 \times 16g(g\ 为重力加速度,可取\ 9.8m/s^2)$$

$$a_z = ((AzH << 8) \mid AzL)/32768 \times 16g(g\ 为重力加速度,可取\ 9.8m/s^2)$$

校验和如下。

$$Sum = 0x55 + 0x51 + AxH + AxL + AyH + AyL + AzH + AzL + TH + TL$$

须注意以下说明。

① 数据不采用 ASCII 码,而是采用 16 进制的方式进行发送。

② 将每一个数据分为低字节与高字节进行依次传送,两者组合成为一个有符号的数据类型为 short 的数据。其中坐标系 x 轴加速度数据为 Ax,AxL 表示低字节,AxH 表示高字节,如果将 Data 表示为实际的数据,则 DataH 表示为其高字节部分,DataL 表示为其低字节部分,那么转换表达式为 Data = ((short)DataH << 8) | DataL。此处需要注意的是,将 DataH 先强制转换成一个有符号的数据类型为 short 的数据之后才能进行移位,同时 Data 的数据类型也是有符号的 short 类型,这样才能表示出负数。

2. 角速度输出

0x55	0x52	wxL	wxH	wyL	wyH	wzL	wzH	TL	TH	SUM

计算方法如下。

$$w_x = ((\text{wxH} << 8) \mid \text{wxL})/32768 \times 2000(°/\text{s})$$

$$w_y = ((\text{wyH} << 8) \mid \text{wyL})/32768 \times 2000(°/\text{s})$$

$$w_z = ((\text{wzH} << 8) \mid \text{wzL})/32768 \times 2000(°/\text{s})$$

校验和如下。

$$\text{Sum} = 0x55 + 0x52 + \text{wxH} + \text{wxL} + \text{wyH} + \text{wyL} + \text{wzH} + \text{wzL} + \text{TH} + \text{TL}$$

3. 角度输出

0x55	0x53	RollL	RollH	PitchL	PiitchH	YawL	YawH	TL	TH	SUM

计算方法如下。

$$\text{滚转角}(x \text{ 轴})\text{Roll} = ((\text{RollH} << 8) \mid \text{RollL})/32768 \times 180(°)$$

$$\text{俯仰角}(y \text{ 轴})\text{Pitch} = ((\text{PitchH} << 8) \mid \text{PitchL})/32768 \times 180(°)$$

$$\text{偏航角}(z \text{ 轴})\text{Yaw} = ((\text{YawH} << 8) \mid \text{YawL})/32768 \times 180(°)$$

校验和如下。

$$\text{Sum} = 0x55 + 0x53 + \text{RollH} + \text{RollL} + \text{PitchH} + \text{PitchL} +$$
$$\text{YawH} + \text{YawL} + \text{TH} + \text{TL}$$

须注意以下说明。

(1) 姿态角解算的过程中采用的坐标系是东北天坐标系。欧拉角在表示姿态时所采用的坐标系旋转顺序定义为 z-y-x，即先绕着坐标系 z 轴旋转，再绕着坐标系 y 轴旋转，最后绕着坐标系 x 轴旋转。

(2) 滚转角(x 轴)的取值范围虽然是$-180°\sim+180°$，但是因为实际坐标系的旋转顺序为 z-y-x，所以在表示姿态的时候，俯仰角(y 轴)的范围为$-90°\sim+90°$，俯仰角超过 $90°$后会变换成小于 $90°$的数值，并且让坐标系 x 轴的角度大于 $180°$。

(3) 因为坐标系的 3 个轴是耦合的，所以只有在小角度的情况之下姿态角度才会表现出独立的变化，而在大角度的情况之下姿态角度将会发生耦合变化，例如在坐标系 y 轴靠近 $90°$时，即便姿态仅仅是围绕着坐标系 y 轴旋转，但是由于欧拉角表示姿态角度的固有问题，坐标系 x 轴的角度也会跟随着发生较大变化。

7.7.2 压力传感器数据采集

如图 7.17 所示为分压式测量电路,FSR 薄膜压力传感器将承受的压力转换为对应的电阻值,分压式测量电路测得电压的变化,输出电压 V_{out} 可以连接至后端电路。

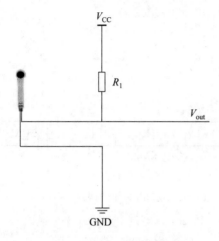

如图 7.18 所示为运算放大器测量电路,该电路是在分压式测量电路的基础上,增加了运算放大器,运算放大器能够提高电压测量的分辨率,并且增大电流驱动能力。

电阻 R_1 根据实际情况进行选择,一般可选取 $1\sim47k\Omega$ 的电阻。当承受压力为 0 时,传感器阻值在 $10k\Omega$ 左右,此时等效于断路。

本书选用运算放大器测量电路,FSR 薄膜压力传感器的信号经过运算放大器输出到 ADS1256,ADS1256 将模拟信号转为数字信号。ADS1256 由

图 7.17 分压式测量电路

Texas Instruments 公司推出,是一款低噪声高分辨率的 24 位模数转换器,与传统的逐次逼近型与积分型 ADC 相比转换误差小、价格低廉。ADS1256 数据输出速率最高可为 30K 采样点/s,4 路差分和 8 路伪差分输入,有完善的自校正和系统校正系统以及 SPI 串行数据传输接口。

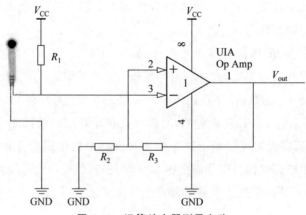

图 7.18 运算放大器测量电路

7.7.3　实验数据

挑选测试人员进行步态数据采集,其中 6 位男性、4 位女性,年龄分布在 $20\sim35$ 岁。对于每位测试人员都进行详细的数据统计,测试人员的统计学特征见表 7.2。

表 7.2　测试人员统计学特征

基　本　信　息	平均值±标准差值
年龄/岁	24.2±1.4
体重/kg	60.3±10.4
身高/cm	172.3±7.7
鞋码/cm	24.3±1.3
正常行走速度/m·s^{-1}	1.3±0.3
步幅/m	1.0±0.2
姿态/m	0.5±0.1

对所有测试人员的身高与体重等基本信息进行统计,并测量足大小用于确定鞋垫大小。表 7.2 中的步幅指左右脚交替完成一步所跨过的距离,姿态是单只脚迈出一步跨越的距离。在进行数据采集时,测试者穿上内部已经粘贴好 FSR 薄膜压力传感器的鞋,姿态角度传感器放置于外骨骼机器人的大腿、小腿及鞋面。测试人员在室外的平地上正常地行走,最后获取到一定数量的步态数据。对获取的步态数据进行整理并清洗,对由于测试人员行走时受到干扰、身体健康等原因所导致的异常步态数据进行去除,最后处理得到了 20900 条的步态样本数据。

由于神经网络模型需要具有良好的泛化能力,要同时在训练过的数据集与没有训练过的数据集上都取得到良好的效果,所以将步态样本数据按照 4:1 的比例划分为训练集和验证集两部分,将训练集用于训练神经网络模型,反复迭代直到满足所要求的性能,将验证集用来评价训练过程中神经网络模型在各种各样的参数下所能够达到的效果。如表 7.3 所示为部分具有代表性的实验数据,包含大腿、小腿、脚的运动加速度数据、角速度数据与姿态角度数据这 9 个信息量,以及 3 个足底压力信息量。

表 7.3 部分代表性数据

序号	加速度 α_1/ $(\mathrm{m \cdot s^{-2}})$	角速度 ω_1/[(°) $\cdot \mathrm{s^{-1}}$]	姿态角度 θ_1/(°)	加速度 α_2/ $(\mathrm{m \cdot s^{-2}})$	角速度 ω_2/[(°) $\cdot \mathrm{s^{-1}}$]	姿态角度 θ_2/(°)	加速度 α_3/ $(\mathrm{m \cdot s^{-2}})$	角速度 ω_3/[(°) $\cdot \mathrm{s^{-1}}$]	姿态角度 θ_3/(°)	电压 U_1/V	电压 U_2/V	电压 U_3/V
1	0.0047	5.330	100.26	0.0082	2.566	106.55	0.0059	0.655	10.21	2.98	3.11	2.61
2	0.0018	3.784	103.67	0.0066	2.685	108.93	0.0054	0.767	10.70	3.15	3.24	2.08
3	1.4912	3.661	106.46	0.0055	2.563	111.39	0.0056	0.774	11.17	3.16	3.21	2.06
4	1.4916	4.660	109.41	0.0102	4.097	113.88	0.0058	1.698	11.98	3.29	3.32	2.04
5	0.0076	3.490	112.24	0.0068	6.511	118.04	0.0050	3.531	14.04	3.29	3.39	2.00
6	1.4891	1.024	112.99	1.4983	7.674	123.94	0.0054	5.904	17.64	3.29	3.30	1.92
7	1.4888	244.081	113.45	1.4912	9.227	130.24	0.0067	10.717	24.02	1.72	1.89	1.62
8	1.4704	237.576	109.71	1.4973	11.499	137.92	0.0056	22.429	36.69	1.71	1.88	1.61
9	0.0087	238.470	104.44	1.4961	11.460	137.95	0.0002	34.205	60.94	1.70	1.87	1.59
10	1.4983	233.739	97.87	0.0007	9.119	146.84	0.0003	35.122	60.85	1.68	1.85	1.58
11	0.0047	234.428	89.15	0.0172	2.980	150.77	0.0191	234.399	54.62	1.66	1.58	1.57
12	0.0005	235.127	82.23	0.0066	239.860	149.23	0.0254	228.058	42.86	1.66	1.58	1.52
13	1.4921	237.744	77.03	0.0023	232.685	141.75	0.0167	224.903	27.55	1.53	1.31	1.44
14	1.4850	239.901	73.38	0.0044	229.209	130.62	0.0190	224.929	11.97	1.64	1.24	1.46
15	1.4872	242.579	72.03	0.0019	226.009	116.82	0.0142	229.012	358.39	1.71	1.23	1.48
16	1.4946	0.938	72.20	1.4995	224.772	101.89	0.0152	229.012	352.42	1.83	1.21	1.48
17	0.0176	241.745	71.77	0.0056	227.350	87.85	1.4970	229.708	347.84	1.72	1.18	1.23
18	0.0166	241.756	71.69	0.013	233.963	78.12	1.4947	235.710	340.94	1.61	1.30	3.09
19	0.0034	0.611	70.01	0.0163	1.687	76.01	0.0140	7.290	342.94	1.54	1.31	2.98
20	0.0031	0.793	69.25	1.4727	8.165	81.07	1.4137	14.625	351.89	1.16	1.25	2.86
21	1.4462	4.686	74.04	0.0062	7.875	84.48	0.0555	11.347	3.65	2.26	2.60	3.12
22	0.0227	2.171	75.40	1.4771	6.016	90.93	1.4985	0.506	6.84	2.43	2.75	3.07
23	0.0107	7.372	82.24	0.0101	3.881	95.87	0.0039	0.130	6.92	2.43	2.77	3.07
24	1.4897	3.505	85.77	1.4990	3.058	98.86	0.0057	0.521	7.11	2.56	2.80	2.71
25	1.4861	6.046	90.12	0.0088	2.849	101.95	0.0059	0.488	7.42	3.09	3.13	2.54
⋮	⋮	⋮	⋮	⋮	⋮	⋮	⋮	⋮	⋮	⋮	⋮	⋮

7.8　本章小结

本章主要介绍人体下肢的生理机构及运动特征,以及利用姿态角度传感器、足底压力传感器获得人体下肢运动信息数据。与服务机器人、教育机器人等不同的是,外骨骼机器人需要与人体接触,通过判断人体意图进行机械反馈。而如何准确获得人体行动的意图,也是外骨骼机器人研发的难点。解决这一难题的关键是在于如何让外骨骼机器人准确采集人体的各项运动信息数据。

第 8 章
下肢外骨骼步态预测方法

下肢外骨骼机器人可以增强人们行走的能力和速度,缓解人在大负重和长时间行走情况下出现的疲劳感。通过研究人体行走的步态特征,对步态进行建模和预测,进而使下肢外骨骼机器人在时间上、动作上同人体下肢运动具有高度的协调性,是下肢外骨骼机器人人机交互的基础。近年来,神经网络在各领域被广泛应用。在外骨骼领域,下肢外骨骼机器人获取穿戴者的行走状态和意图,关键的技术是步态特征的表达以及提取。深度学习算法可以从数据中学习更高层次的抽象表示,能够自动从数据中提取特征,使得权重学习变得更加简单有效。采用 SAE 逐层提取输入数据的高阶特征,并降低输入数据的维度,将复杂的输入数据转化成一系列简单的高阶特征。SAE 结合 LSTM 神经网络,能够解决长期依赖问题,可以根据步态的时间序列数据预测出下一时刻的步态信息,有效地控制下肢外骨骼,实现下肢外骨骼的稳定跟随运动。

8.1 栈式自编码器

自编码器(AutoEncoder,AE)最早由 Rumelhart 等[142] 提出,是一种数据压缩算法,自生成标签即标签为样本数据本身,因此属于无监督学习。自动编码器通过学习输入数据的高阶特征,实现输出对输入数据的复现。自编码器可以应用在多个方面,比如数据压缩、自然语言处理、可视化等。常见的自编码器有欠完备自编码器、稀疏自编码器、收缩自编码器和栈式自编码器(Stacked AutoEncoder,SAE)等。

如图 8.1 所示为简单的 AE 结构模型,由 3 层组成,第一层为数据输入层,中间层为隐藏层,最后一层为输出重构层。自编码器的输出向量和输入向量具有相同的维

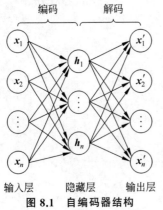

图 8.1 自编码器结构

度,隐藏层向量维度小于输入向量维度。从输入层到隐藏层的过程叫作编码,编码过程
对高维数据进行压缩,并将其映射成低维数据,使数据量变少;从隐藏层到输出层的过程
叫作解码,解码过程与编码过程完全相反,主要是复现输入数据。

编码过程,输入层对输入数据 $\boldsymbol{x}$ 进行压缩降维,获取潜在空间表征,得到编码 $\boldsymbol{h}$:

$$\boldsymbol{h} = \sigma(\boldsymbol{W}^{(1)}\boldsymbol{x} + \boldsymbol{b}^{(1)}) \tag{8.1}$$

解码过程,将编码 $\boldsymbol{h}$ 映射至原高维空间,重构来自潜在空间表征的输入,最后得到复现输
入数据 $\boldsymbol{x}'$:

$$\boldsymbol{x}' = \sigma(\boldsymbol{W}^{(2)}\boldsymbol{h} + \boldsymbol{b}^{(2)}) \tag{8.2}$$

自编码器网络参数进行调整,通过训练,让与数据 $\boldsymbol{x}'$ 和 $\boldsymbol{x}$ 相关的损失函数 $L(\boldsymbol{x},\boldsymbol{x}')$ 获得
最小值:

$$L(\boldsymbol{x},\boldsymbol{x}') = \|\boldsymbol{x} - \boldsymbol{x}'\|^2 \tag{8.3}$$

其中,$\boldsymbol{W}^{(1)}$ 为数据输入层和隐藏层之间的权重矩阵;$\boldsymbol{W}^{(2)}$ 为隐藏层和输出重构层之间的权
重矩阵;$\boldsymbol{b}^{(1)}$ 为数据输入层和隐藏层之间的偏置项;$\boldsymbol{b}^{(2)}$ 为隐藏层和输出重构层之间的偏
置项;相邻层之间采用的激活函数 σ 为 Sigmoid 函数。

SAE 模型是由多个 AE 结构串联堆叠构成的,具有多个隐藏层,能够学到更复杂的
编码,SAE 结构图如图 8.2 所示。SAE 在编码过程中压缩相对复杂的输入数据,使被压
缩的输入数据映射至低维空间当中,以此达到降维的效果,避免造成"维度灾难"[143]。

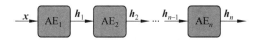

图 8.2　栈式自编码器结构

SAE 模型首先将复杂数据作为输入,逐层贪婪地训练 SAE 模型的每层隐藏层,采用
贪婪逐层预训练方式可以避免随机初始化所造成的网络效果差的情况,初始化连接权重
与偏置为一个合适的值,能够有效地对 SAE 模型网络进行参数优化。

首先将第一层隐藏层作为第一个自编码器,训练第一个自编码器之后再将该隐藏层
的输出作为下一层隐藏层的输入来训练下一个自编码器,不断进行上述训练方法,直到
达到预先给定的层数为止。SAE 模型采用反向传播算法对 SAE 单层网络进行训练,并
使用随机梯度下降算法作为优化算法,在每一次迭代的过程中更新 SAE 单层网络参数,
尽可能使损失函数达到最小。训练完 SAE 模型的每层网络之后,SAE 模型就通过学习
获得了可以更好地代表复杂输入数据的特征,同时获取的特征能够最优地表示原始输入

数据。

8.2　长短时记忆神经网络

长短时记忆(long short-term memory,LSTM)神经网络是循环神经网络的一个变种,LSTM 神经网络拥有 LSTM 记忆单元结构[144],用来判断信息的去留,控制信息从前一时刻到后一时刻的传输,能够克服 RNN 的缺点,更好地解决长期依赖问题。

图 8.3 为 LSTM 记忆单元结构与单一循环结构体对比示意图[145]。Gers 与 Schmidhuber 在 2000 年提出了"窥视孔连接"(peephole connections)机制,允许门层查看单元状态。与单一循环体结构不同,LSTM 单元是一种拥有 3 个"门"结构的特殊网络结构,包括"遗忘门""输入门"和"输出门",其中"遗忘门"和"输入门"是 LSTM 结构的核心。图中 σ 表示门激活函数,一般为 Sigmoid 函数;g 表示输入激活函数,通常为 tanh 函数;h 表示输出激活函数,通常为 tanh 函数。

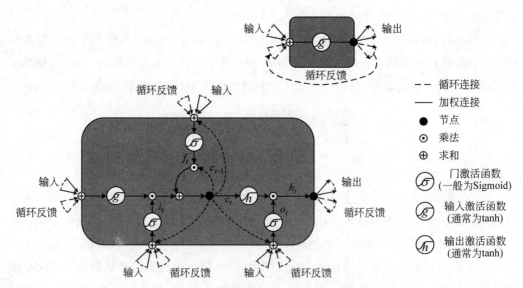

图 8.3　LSTM 记忆单元结构与单一循环结构体对比

在 t 时刻,"输入门"计算 LSTM 单元输入的信息 $\boldsymbol{i}_t$;"遗忘门"计算 LSTM 单元舍去的信息 $\boldsymbol{f}_t$;"输出门"计算 LSTM 单元输出的信息 $\boldsymbol{o}_t$;其定义分别为

$$\boldsymbol{i}_t = \sigma(\boldsymbol{W}_{xi}\boldsymbol{x}_t + \boldsymbol{W}_{hi}\boldsymbol{h}_{t-1} + \boldsymbol{W}_{ci}\boldsymbol{c}_{t-1} + \boldsymbol{b}_i) \tag{8.4}$$

$$f_t = \sigma(W_{xf}x_t + W_{hf}h_{t-1} + W_{cf}c_{t-1} + b_f) \tag{8.5}$$

$$o_t = \sigma(W_{x0}x_t + W_{h0}h_{t-1} + W_{c0}c_{t-1} + b_0) \tag{8.6}$$

LSTM 单元状态 c_t 更新公式为

$$c_t = f_tc_{t-1} + i_t \cdot g(W_{xc}x_t + W_{hc}h_{t-1} + b_c) \tag{8.7}$$

更新后的状态 c_t 与 o_t 相乘,得到整个单元的输出 h_t:

$$h_t = o_t \cdot h(c_t) \tag{8.8}$$

其中,x_t 表示 t 时刻的输入;h_t 表示 t 时刻的隐藏层状态;$\{W_*\}$ 表示 LSTM 单元的权重矩阵;$\{b_*\}$ 表示 LSTM 单元的偏置项。

经过 LSTM 的各个门函数和整个单元输出状态的更新,输入特征中的关键信息得到保留和传递。

8.3　SAE-LSTM 模型构建

神经网络的主要思想就是通过参考动物神经网络的行为特征来进行分布式并行处理信息,本质上是一种数学算法模型。SAE 模型能够一层层地对输入数据进行高层次特征提取,同时还能够降低输入数据的维度,将一堆复杂的输入数据转换为一系列简单的高层次特征数据。深度学习就是不停地学习组合数据的底层次特征以此来形成更为抽象的高层次特征,最后学习总结出数据的分布式特征。

因为步态采集系统所采集的数据为髋关节、膝关节与踝关节的姿态角度与角速度数据、大腿与小腿运动时的加速度数据和足底分布式压力信号数据,共有 12 个维度,具有一定的复杂性。所以考虑使用 SAE 模型对步态样本数据进行高层次特征提取,降低数据的维度,这在一定的程度上能够缩短神经网络模型的训练时间并提高神经网络模型的准确度。人体正常行走的过程具有一定的周期性,某一时刻的状态与其过往某一时刻的状态有一定程度的关系,因此考虑使用 LSTM 神经网络对人体行走步态进行预测。LSTM 神经网络能保留人体行走步态信息中历史时刻的关键信息,并且能防止神经网络在训练的过程中出现梯度弥散的现象。

SAE 与 LSTM 神经网络相互结合,不仅能够提取高层次特征、压缩数据维度,还能够避免长期依赖的问题。在神经网络框架 Keras 上进行搭建 SAE-LSTM 神经网络模型,根据获取的人体行走步态数据对 SAE-LSTM 神经网络模型进行学习训练和验证,保存并使用最优的模型能够依据步态的时间序列数据预测出下一时刻的步态信息,完成人体步态预测。

如图 8.4 所示为 SAE-LSTM 神经网络模型结构,图中的 SAE-LSTM 神经网络模型被纵向的虚线隔离开,分成了两个重要的部分。第一个重要的部分是栈式自编码网络层,该部分的主要作用是进行步态样本输入数据的高层次特征提取,同时降低复杂输入数据的维度;第二个重要的部分是长短时记忆神经网络层,该部分的主要作用是对样本数据进行步态识别预测,同时将预测得到的分类结果输出。下面是 SAE-LSTM 神经网络模型结构的具体参数设计。

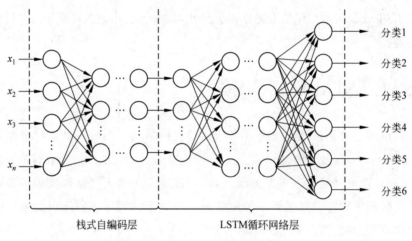

图 8.4　SAE-LSTM 神经网络模型

(1) SAE 网络结构一共有三层,分别为一层输入层和两层隐藏层。输入层一共有 12 个神经元节点,输入分别为髋关节、膝关节与踝关节的姿态角度与角速度数据、大腿与小腿运动时的加速度数据和足底分布式压力信号数据;隐藏层的神经元节点数量分别为 11 个和 10 个,每一层隐藏层所使用的激活函数均是 tanh 函数。

(2) LSTM 神经网络结构一共有四层,分别为一层输入层、两层隐藏层和一层输出层。输入层一共有 10 个神经元节点,输入的数据对应于 SAE 网络结构的第二层隐藏层的输出结果;每一层隐藏层的神经元节点数目为 64 个,使用的激活函数均是 ReLU 函数,神经元节点不被 dropout 的概率设置为 0.5,采用 dropout 的方法,能够让 LSTM 网络模型更加健壮,防止出现过拟合问题[146];输出层设置为 Softmax 层,由 6 个神经元节点构成,每个神经元节点分别代表 6 个划分的不同步态阶段。

（3）其他相关参数设置：神经网络的基础学习速率设置为 0.001，学习衰减率设置为 0.9，最大训练次数设置为 250，每一个训练批次中的训练数据个数设置为 256，神经网络时间步长设置为 32。

8.4　SAE-LSTM 模型优化算法

优化算法是机器学习的核心构成部分，其目的是在模型表征空间当中寻找到模型评估指标最好的模型。对于一个无约束优化问题

$$\min_{\theta} L(f(x,\theta),y)$$

其中，目标函数 $L(\cdot)$ 是光滑的；θ 是待优化的模型参数；x 是模型的输入；$f(x,\theta)$ 是模型的实际输出；y 是模型的目标输出，求解该问题的优化算法可以分为直接法与迭代法两大类。

直接法是能够直接得出优化问题最优解的方法，要求目标函数满足两个条件：(1) $L(\cdot)$ 为凸函数，则 θ^* 是最优解的充分必要条件是 $L(\cdot)$ 在 θ^* 处的梯度 $\nabla L(\theta^*)$ 为 0；(2) $\nabla L(\theta^*)=0$ 有解析解。由于直接法必须满足的两个条件限制了其应用范围，所以在许多实际问题中会使用迭代法，迭代法是迭代中修正对优化问题最优解的估计。假设当前对优化问题的最优解估计值为 θ_t，则求解如下优化问题。

$$\delta_t = \arg\min_{\delta} L(\theta_t + \delta) \tag{8.9}$$

得到更优的估计值 $\theta_{t+1}=\theta_t+\delta_t$。常见的深度学习迭代优化算法包括梯度下降法、Momentum、Adagrad、RMSprop、Adam 等。

8.4.1　梯度下降法

梯度下降法是最著名的一个优化算法，也称最速下降法。如果一个函数采用梯度下降法来寻找该函数的局部极小值，就必须在函数上当前点所对应梯度（或者是近似梯度）的反方向按照规定步长距离点进行迭代搜索；相反地，如果是朝着梯度的正方向进行迭代搜索，那么就会逐渐靠近函数的局部极大值点，这个过程就被称作为梯度上升法。梯度下降法是至今最常用的神经网络优化算法之一，在大部分深度学习程序库（keras、caffe 等）当中都内置着多个变种优化梯度下降的实现算法。

梯度下降法的核心是使损失函数 $L(\theta)$ 尽可能达到最小化。梯度下降法的具体方式是在每一次的迭代当中,对每一个变量按照损失函数在该变量的梯度反方向,多次迭代更新对应的参数值。从抽象的角度来描述就是,在目标函数的超平面之上,沿着斜率下降的方向逐步前进,直至到达超平面所构成的"谷底"。其中,学习率 α 的大小决定了函数到达(局部)最小值所需要的迭代次数。

对函数 $L(\theta_t + \delta)$ 做一阶泰勒展开,可以得到近似项

$$L(\theta_t + \delta) \approx L(\theta_t) + \nabla L(\theta_t)^\mathrm{T} \delta \tag{8.10}$$

式(8.10)只有在 δ 较小时相对准确,所以在求解 δ_t 时一般添加 L_2 正则项

$$\delta_t = \arg \min_\delta \left(L(\theta_t) + \nabla L(\theta_t)^\mathrm{T} \delta + \frac{1}{2\alpha} \|\delta\|_2^2 \right) = -\alpha \nabla L(\theta_t) \tag{8.11}$$

由此解估计值为

$$\theta_{t+1} = \theta_t - \alpha \nabla L(\theta_t) \tag{8.12}$$

梯度下降算法可以分为三类变种,分别是批量梯度下降算法(Batch Gradient Descent)、随机梯度下降算法(Stochastic Gradient Descent)和小批量梯度下降算法(Mini-batch Gradient Descent)。这三类变种的互不相同之处主要在于一次性使用多少个数据来计算目标函数的梯度,需要在参数更新准确性和参数更新花费时间两方面做出权衡,采用不同的数据量。

批量梯度下降算法每一次参数的迭代更新中都使用了全部的训练数据来近似目标函数,并且朝着最小值直线迭代运动。如果损失函数是凸函数,那么将收敛在全局最小值,如果不是凸函数,那么将收敛在局部最小值。批量梯度下降算法的目标函数为

$$L(\theta) = \frac{1}{M} \sum_{i=1}^{M} L(f(x_i, \theta), y_i) \tag{8.13}$$

$$\nabla L(\theta) = \frac{1}{M} \sum_{i=1}^{M} \nabla L(f(x_i, \theta), y_i) \tag{8.14}$$

其中 M 是训练样本的个数。批量梯度下降算法在样本数据量很大的情况下,参数的更新速度将会变得很慢,同时遍历的所有样本中的某一部分可能对参数的更新没有很大的贡献。

随机梯度下降算法在每一次的参数更新中,仅考虑单个训练样本点来近似目标函数,这样大大减少了迭代更新的时间,加快了收敛速率,这恰好是批量梯度下降算法的缺

点,随机梯度下降算法的目标函数为

$$L(\theta;x_i,y_i)=L(f(x_i,\theta),y_i) \tag{8.15}$$

$$\nabla L(\theta;x_i,y_i)=\nabla L(f(x_i,\theta),y_i) \tag{8.16}$$

但是用一个样本的梯度去代替整体样本的梯度会使梯度中夹杂个体样本的噪声,则不一定是朝着极小值方向直线迭代更新,可能带有随机振荡性,不过整体下降方向还是大致朝着极小值方向的,并且有可能跳出局部最优。

小批量梯度下降算法是为了解决批梯度下降算法的训练速度慢以及随机梯度下降算法收敛振荡等问题的变种。该方法降低了随机梯度的方差,使得迭代算法更加稳定,同时也采用了高度优化的矩阵运算操作,小批量梯度下降算法的目标函数为

$$L(\theta)=\frac{1}{m}\sum_{j=1}^{m}L(f(x_j,\theta),y_j) \tag{8.17}$$

$$\nabla L(\theta)=\frac{1}{m}\sum_{j=1}^{m}\nabla L(f(x_j,\theta),y_j) \tag{8.18}$$

其中 m 为每批量训练样本的个数,远小于总数据量 M 的常数,但是小批量梯度下降算法还是会有些许的振荡,并且靠近最小值时,需要增加学习衰减率来降低学习速率。

在深度学习中最常用的优化算法是随机梯度下降算法,但是在一些实际应用中随机梯度算法也可能会失效,无法给出满意的训练结果。除了局部最优点的存在,最严重的是碰上山谷与鞍点两类地形,山谷形如狭长的山间小道,其左右均是峭壁;鞍点形如马鞍,其一个方向上两头翘,另一个方向上两头垂,中心区域则是一片平坦之地。在山谷地形中,准确的梯度方向是沿山道向下,稍有偏移就会撞向山壁,而粗糙的梯度估计使得它在两山壁之间来回反弹振荡,不能沿山道方向迅速下降,导致收敛不稳定和收敛速度慢。在鞍点方向,随机梯度下降法会走入一片平坦之地,无法准确察觉梯度的微小变化,导致停滞。

8.4.2　Momentum 算法

Momentum 算法解决了随机梯度下降算法所存在的山谷振荡和鞍点停滞问题,Momentum 算法的名字由刻画惯性的物理量——动量而来。沿着山谷向下会受到向下的力与和山壁碰撞的弹力,向下的力保持稳定大小,产生的动量一直增加,速度越来越快;山壁左右的弹力一直在相互切换,产生的动量结果是相互抵消,减小了来回振荡,并

且由于惯性的作用,当到鞍点中心处时会继续前行,所以会有冲出平坦之地的可能。和随机梯度下降算法相比,Momentum 算法的收敛速度会更快,同时收敛曲线也更加稳定。如表 8.1 所示为 Momentum 算法流程的伪代码,前进步伐 $-v_t$ 由两部分组成,一是学习率与当前估计梯度的乘积;二是带衰减的前一次步伐 v_{t-1},衰减系数扮演了阻力的角色。

表 8.1　Momentum 算法

Momentum 算法:
Require:α 表示学习率或步长因子,控制权重的更新比率
Require:γ 表示动量衰减系数
Require:$f(\theta)$ 表示随机目标函数,参数为 θ
Require:θ_0 表示初始参数
$\quad v_0 \leftarrow 0$ 表示初始化动量速率参数
$\quad t \leftarrow 0$ 表示初始化时间变量
$\quad$ while θ_t 没有收敛 do
$\quad\quad t \leftarrow t+1$
$\quad\quad g_t \leftarrow \nabla_\theta f_t(\theta_{t-1})$ $\quad$ //更新在时间步 t 上对参数 θ 所求的梯度
$\quad\quad v_t \leftarrow \gamma v_{t-1} + \alpha g_t$ $\quad$ //更新动量速度参数
$\quad\quad \theta_t \leftarrow \theta_{t-1} - v_t$ $\quad$ //参数更新
$\quad$ end while
$\quad$ return θ_t

8.4.3　Adagrad 算法

惯性的获得是基于历史信息的,除了根据过往历史信息,还期望得到对周围环境的感知。对环境的感知是指在参数空间中,根据不同参数的某些经验性判断,自适应地确定参数的学习率、不同参数的更新步幅不尽相同。在实际操作中,希望更新频率低的参数能够具有较大的更新幅度,而更新频率高的参数能够具有较小的更新幅度,Adagrad 算法[147]采用了"历史梯度平方和"来衡量不同参数的梯度的稀疏性,取值越小则越稀疏。如表 8.2 所示为 Adagrad 算法流程的伪代码,梯度平方累计公式实现了退火过程,随着时间的推移学习率将会越来越小,保证算法最终能够收敛。

表 8.2　Adagrad 算法

Adagrad 算法：默认参数的经验值为 $\varepsilon = 10^{-7}$

Require：α 表示学习率或步长因子，控制权重的更新比率

Require：r 表示梯度平方累计

Require：$f(\theta)$ 表示随机目标函数，参数为 θ

Require：θ_0 表示初始参数

　　$r_0 \leftarrow 0$ 表示初始化梯度平方累计

　　$t \leftarrow 0$ 表示初始化时间变量

　　while θ_t 没有收敛 do

　　　　$t \leftarrow t + 1$

　　　　$g_t \leftarrow \nabla_\theta f_t(\theta_{t-1})$　　　　　//更新在时间步 t 上对参数 θ 所求的梯度

　　　　$r_t \leftarrow \sum_{k=0}^{t} g_k^2 + \varepsilon$　　　　//更新梯度平方累计

　　　　$\theta_t \leftarrow \theta_{t-1} - \dfrac{\alpha}{\sqrt{r_t}} g_t$　　　//参数更新

　　end while

　　return θ_t

8.4.4　RMSprop 算法

　　Adagrad 算法采用所有的历史梯度平方和的平方根作为分母，随着时间的单调增加，产生的自适应学习率衰减速率将会过于激进，针对此问题，RMSprop 算法[148]改进了分母，采用指数衰退平均的计算方式，用过往梯度的均值代替历史梯度平方和。对 Adagrad 算法的另一改进算法 AdaDelta 算法与 RMSprop 算法非常相似，区别在于 AdaDelta 算法没有学习率这一超参数，额外维护了一个状态变量来代替学习率。如表 8.3 所示为 RMSprop 算法流程的伪代码。

表 8.3　RMSprop 算法

RMSprop 算法：默认参数的经验值为 $\gamma = 0.9$

Require：α 表示学习率或步长因子，控制权重的更新比率

Require：γ 表示指数衰减速率

Require：r 表示梯度平方累计

Require：$f(\theta)$ 表示随机目标函数，参数为 θ

RMSprop 算法：默认参数的经验值为 $\gamma = 0.9$

Require：θ_0 表示初始参数

$r_0 \leftarrow 0$ 表示初始化梯度平方累计

$t \leftarrow 0$ 表示初始化时间变量

while θ_t 没有收敛 do

　　$t \leftarrow t + 1$

　　$g_t \leftarrow \mathbf{\nabla}_\theta f_t(\theta_{t-1})$ 　　　　　　//更新在时间步 t 上对参数 θ 所求的梯度

　　$r_t \leftarrow \gamma r_{t-1} + (1 - \gamma) g_t^2$ 　　　//更新梯度平方累计，与 Adagrad 算法区别

　　$\theta_t \leftarrow \theta_{t-1} - \dfrac{\alpha}{\sqrt{r_t + \varepsilon}} g_t$ 　　　//参数更新

end while

return θ_t

8.4.5　Adam 算法

自适应时刻估计算法[149]（Adaptive Moment Estimation，Adam）是通过对低阶的自适应矩估计，来优化基于一阶梯度的随机目标函数。Adam 算法的实现简单明了，计算高效，对内存的需求小，适用于数据或者参数很多的任务。Adam 算法在深度学习领域中非常受欢迎，因为它能够快速地实现出良好的结果。经验性结果表明 Adam 算法在现实应用中性能优良，相比于其他种类的随机优化算法具有非常大的优势。在采用大而复杂的神经网络模型与数据集的条件下，Adam 算法被证明了在解决局部深度学习问题上的高效性。

在 SAE-LSTM 神经网络模型的实际训练过程中，使用 Adam 算法进行训练。Adam 算法与经典的随机梯度下降算法不同，随机梯度下降算法仅仅使用单一的学习率参数来进行全部权重的更新，在训练过程中学习率依然保持为定值。而 Adam 算法将惯性保持和环境感知这两个优点集于一身，Adam 算法除了基于一阶矩估计计算自适应性学习率，还利用了梯度的二阶矩估计，即过往梯度平方与当前梯度平方的平均。一阶距估计与二阶距估计均采用了指数衰退平均技术，类似于滑动窗口内求平均的思想，如表 8.4 所示为 Adam 算法流程的伪代码。

表 8.4 Adam 算法

Adam 算法：默认参数的经验值为 $\alpha = 0.001, \beta_1 = 0.9, \beta_2 = 0.999, \varepsilon = 10^{-8}$

Require：α 表示学习率或步长因子，控制权重的更新比率

Require：$\beta_1, \beta_2 \in [0,1)$ 表示一阶矩估计与二阶矩估计的指数衰减速率

Require：$f(\theta)$ 表示随机目标函数，参数为 θ

Require：θ_0 表示初始参数

  $m_0 \leftarrow 0$ 表示初始化一阶矩估计变量

  $v_0 \leftarrow 0$ 表示初始化二阶矩估计变量

  $t \leftarrow 0$ 表示初始化时间变量

  while θ_t 没有收敛 do

    $t \leftarrow t+1$

    $g_t \leftarrow \nabla_\theta f_t(\theta_{t-1})$ //更新在时间步 t 上对参数 θ 所求的梯度

    $m_t \leftarrow \beta_1 m_{t-1} + (1-\beta_1)g_t$ //更新偏差一阶矩估计

    $v_t \leftarrow \beta_2 v_{t-1} + (1-\beta_2)g_t^2$ //更新偏差二阶矩估计

    $m_t \leftarrow \dfrac{m_t}{1-\beta_1^t}$ //修正一阶矩的偏差

    $v_t \leftarrow \dfrac{v_t}{1-\beta_2^t}$ //修正二阶矩的偏差

    $\theta_t \leftarrow \theta_{t-1} - \alpha \dfrac{m_t}{\sqrt{v_t}+\varepsilon}$ //参数更新

  end while

  return θ_t

8.5 SAE-LSTM 神经网络训练流程

  SAE-LSTM 神经网络训练流程如图 8.5 所示。首先要进行参数初始化，设置最大训练次数、初始学习率、隐藏层节点数等。然后将打完标签的样本数据送入 SAE-LSTM 神经网络模型进行迭代训练，在每一次迭代训练的过程中，前向计算各层的输出值，反向计算各层的误差，更新各层的权值和阈值。每训练完一次就更新学习率，计算验证集的准确率，并跟上一次的准确率进行比较，如果高于上次的准确率，则保存该次的神经网络模型，当训练次数达到设定值时，就结束训练。

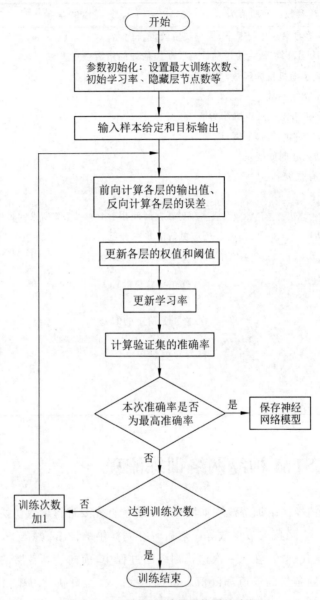

图 8.5　SAE-LSTM 神经网络训练流程

8.6　实验过程

8.6.1　实验环境

实验软件平台采用 Ubuntu 16.04 LTS 系统、Python 3.5.1、TensorFlow 1.2.1、Keras 2.3.1、NumPy 1.13.3、Pandas 0.20.1，硬件环境内存为 8GB，Intel® Core™i7-3770 CPU @ 3.40 GHz，GeForce GTX 2080Ti 显卡的计算机。

Ubuntu 是基于 DebianGNU/Linux 的一个免费开源软件操作系统，分为桌面版和服务器版，支持 x86、x64 与 PPC 架构，目前由 Canonical Ltd.资助。Ubuntu 18.04 LTS 是 Ubuntu 的 18.04 长期支持版本，共支持 5 年。

Python 是一种解释型、面向对象、动态数据类型的高级程序设计语言，由吉多·范罗苏姆（Guido van Rossum）创建并于 1991 年发布第一个公开发行版。Python 的设计理念强调代码可读性，它的语言结构和面向对象的方法旨在帮助程序员为小型和大型项目编写清晰的逻辑代码。

TensorFlow 是一个采用数据流图（data flow graphs），用于数值计算的开源软件库，被广泛应用于各类机器学习算法的编程实现。它灵活的架构让用户可以在多种平台上展开计算，例如台式计算机中的一个或多个 CPU（或 GPU）、服务器、移动设备等。

Keras 是一个用纯 Python 编写的开源高级神经网络库，它能够运行在 TensorFlow、Microsoft Cognitive Toolkit、Theano 或 PlaidML 之上，专注于用户友好、模块化和可扩展。

NumPy 是 Python 语言的一个扩充程序库。支持高级大量的维度数组与矩阵运算，此外也针对数组运算提供大量的数学函数库。

Pandas 是基于 NumPy 的一种工具，该工具是为了解决数据分析任务而创建的，它纳入了大量库和一些标准的数据模型，提供了高效地操作大型数据集所需的工具。Pandas 提供了大量能使用户快速便捷地处理数据的函数和方法。

8.6.2　实验结果与分析

损失函数（loss function）或代价函数（cost function）是将随机事件或其有关随机变量的取值映射为非负实数以表示该随机事件的"风险"或"损失"的函数。在应用中，损失函数通常作为学习准则与优化问题相联系，即通过最小化损失函数求解和评估模型。

均方误差(MSE)是回归损失函数中最常用的误差,它是预测值与目标值之间差值的平方和,均方误差公式如下。

$$MSE = \frac{\sum_{i=1}^{n}(y_i - y_i^p)^2}{n} \qquad (8.19)$$

SAE-LSTM 神经网络在进行学习训练时,根据实际输出值与期望输出值计算均方误差作为损失函数,采用 SGD 算法、Adagrad 算法、RMSprop 算法与 Adam 算法作为优化器的学习曲线分别如图 8.6～图 8.9 所示。

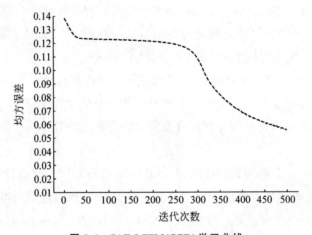

图 8.6　SAE-LSTM(SGD)学习曲线

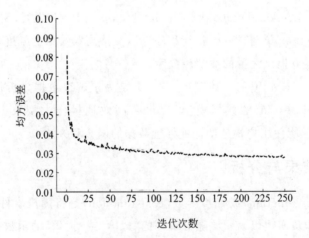

图 8.7　SAE-LSTM(Adagrad)学习曲线

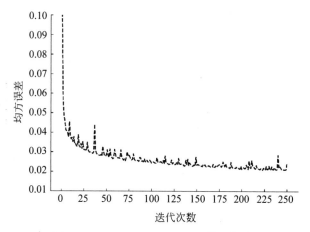

图 8.8　SAE-LSTM(RMSprop)学习曲线

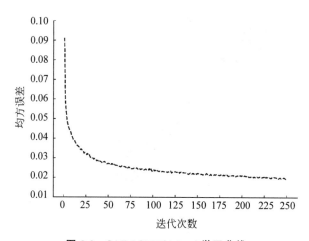

图 8.9　SAE-LSTM(Adam)学习曲线

从各个神经网络学习曲线图中可以看出，采用 SGD 作为优化器的神经网络训练较为缓慢，学习曲线先是下降，随后趋于平稳，在迭代 300 次左右时才继续下降，迭代 500 次后依然还未收敛；采用 Adagrad 算法作为优化器的神经网络与采用 SGD 算法的相比，收敛速度更快，先是快速下降，最后趋于平稳，均方误差趋于 0.03 附近；采用 RSMprop 算法作为优化器的神经网络的学习曲线先是快速下降，在收敛的过程中伴有较大的波动，在迭代 250 次后均方误差趋于 0.025 附近；采用 Adam 算法作为优化器的神经网络与采用上述优化器的神经网络相比较，学习曲线下降快而平稳，在迭代 250 次后均方误差趋于 0.02 附近。因此下肢外骨骼机器人步态预测模型采用 Adam 算法作为优化器。

图 8.10 是 SAE-LSTM 神经网络模型预测结果在步态样本数据验证集上的混淆矩阵，混淆矩阵也称为可能性表格或错误矩阵，是表示精度评价的一种标准格式，用 n 行 n 列的矩阵形式来表示，在人工智能中，混淆矩阵是可视化工具，特别用于监督学习。该混淆矩阵的每一列分别代表模型所预测的步态类别，每一行分别代表实际的步态类别，混淆矩阵对角线表示正确的预测结果，混淆矩阵的颜色越深，所表示准确率越高。混淆矩阵中 ESt(Early stance)代表站立前期，MSt(Mid stance)代表站立中期，LSt(Late stance)代表站立后期，ESw(Early swing)代表摆动前期，MSw(Mid swing)代表摆动中期，LSw(Late swing)代表摆动后期。从图中可看出，左上-右下对角线部分颜色所表示的准确率在 0.8 以上。

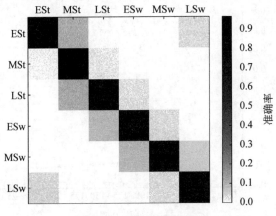

图 8.10　验证集混淆矩阵

SAE-LSTM 神经网络部分预测结果如图 8.11 所示，其中前 3 个子图分别为 3 个姿态角度传感器所测得的加速度、角速度、姿态角度数据，第 4 个子图为 3 个力敏电阻传感器所测得的压力信号数据，最后一个子图给出进行标准化处理后的 3 个周期步态数据与所对应的预测结果，6 个步态类别 ESt、MSt、LSt、ESw、MSw、LSw 分别以序号 0~5 表示。

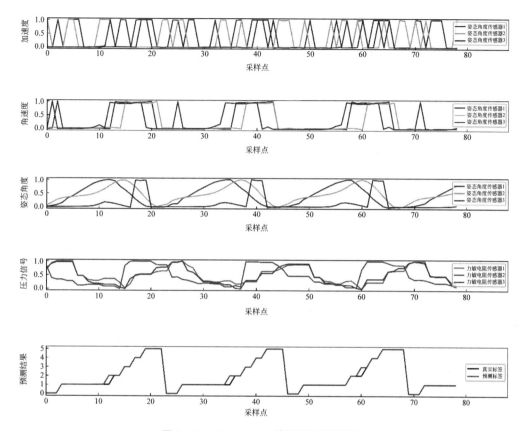

图 8.11*　SAE-LSTM 神经网络预测结果

扫码看彩图

* 数据进行标准化处理,其物理单位分别为加速度/(m·s⁻²)、角速度(rad/s)、姿态角度/(°)、压力信号/V

　　为了验证 SAE-LSTM 神经网络模型的有效性,针对同样的步态信息样本数据集,分别用 SAE-LSTM、LSTM 和 RNN 各自进行 10 次预测。图 8.12 为 3 种模型在验证集上准确率数据的箱线图,SAE-LSTM 平均准确率为 0.92936,LSTM 平均准确率为 0.91815,RNN 平均准确率为 0.90413。SAE-LSTM 模型与 LSTM 相比,平均准确率提高约 1.1%;与 RNN 相比,平均准确率提高约 2.5%。

　　对比可见,SAE-LSTM 模型的性能优于单一的 LSTM 模型与 RNN 模型。SAE-LSTM 模型同时具有 SAE 和 LSTM 的特点,能够提取复杂的时间序列的高阶特征,解决长期依赖,具有较高的准确率。

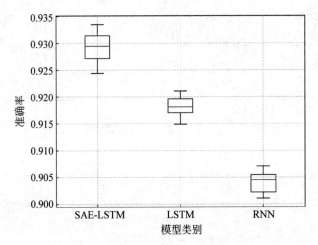

图 8.12　各模型下准确率箱线图

8.7　本章小结

本章构建了 SAE-LSTM 神经网络模型，随后介绍了 SAE-LSTM 神经网络模型的优化算法，建立了人体下肢运动姿态预测模型并进行训练，对实验结果进行比较和分析，实验结果表明，SAE-LSTM 神经网络模型能够更为准确地对人体下肢运动步态进行预测。

参 考 文 献

[1] 贺正楚,潘红玉. 德国"工业 4.0"与"中国制造 2025"[J]. 长沙理工大学学报:社会科学版,2015 (30):110.

[2] 闫建波. 智能制造——"中国制造 2025"的主攻方向[J]. 建筑工程技术与设计,2017(20):3883-3883.

[3] 穆馨. 中国制造 2025 对工业机器人发展的促进[J]. 内燃机与配件,2017(11):112-114.

[4] 许华轩,冯甜. 外骨骼机器人离我们有多远[R/OL].(2019-03-25)[2020-02-15]. https://mp. weixin.qq.com/s/oBnuFp6nPi8HrgN0VlF8ww.

[5] Jansen J F. Phase I report:DARPA exoskeleton program[R]. ORNL,2004.

[6] Jansen J F. Exoskeleton for soldier enhancement systems feasibility study[R]. ORNL,2000.

[7] Kazerooni H,Steger R. The Berkeley lower extremity exoskeleton[J]. Journal of dynamic systems, measurement,and control,2006,128(1):14-25.

[8] Racine J L C. Control of a lower extremity exoskeleton for human performance amplification[J]. 2003.

[9] Kazerooni H,Racine J L,Huang L,et al. On the control of the berkeley lower extremity exoskeleton (BLEEX)[C]//Robotics and automation,2005. ICRA 2005. Proceedings of the 2005 IEEE international conference on. IEEE,2005:4353-4360.

[10] Zoss A B,Kazerooni H,Chu A. Biomechanical design of the Berkeley lower extremity exoskeleton (BLEEX)[J]. IEEE/ASME Transactions on mechatronics,2006,11(2):128-138.

[11] Dollar A M,Herr H. Lower extremity exoskeletons and active orthoses:challenges and state-of-the-art[J]. IEEE Transactions on robotics,2008,24(1):144-158.

[12] Walsh C J,Endo K,Herr H. A quasi-passive leg exoskeleton for load-carrying augmentation[J]. International Journal of Humanoid Robotics,2007,4(3):487-506.

[13] Herr H,Wilkenfeld A. User-adaptive control of a magnetorheological prosthetic knee[J]. Industrial Robot:An International Journal,2003,30(1):42-55.

[14] Walsh C J,Pasch K,Herr H. An autonomous,underactuated exoskeleton for load-carrying augmentation[C]//2006 IEEE/RSJ International Conference on Intelligent Robots and Systems. IEEE,2006:1410-1415.

[15] Walsh C J,Paluska D,Pasch K,et al. Development of a lightweight,underactuated exoskeleton for load-carrying augmentation[C]//Robotics and Automation,2006. ICRA 2006. Proceedings 2006

IEEE International Conference on. IEEE,2006: 3485-3491.

[16] Lee S,Sankai Y. Power assist control for walking aid with HAL-3 based on EMG and impedance adjustment around knee joint[C]//Intelligent Robots and Systems,2002. IEEE/RSJ International Conference on. IEEE,2002,2: 1499-1504.

[17] Lee S,Sankai Y. Power assist control for leg with hal-3 based on virtual torque and impedance adjustment[C]//Systems,Man and Cybernetics,2002 IEEE International Conference on. IEEE, 2002,4: 6 pp. vol. 4.

[18] Kawamoto H,Sankai Y. Power assist system HAL-3 for gait disorder person[C]//International Conference on Computers for Handicapped Persons. Springer,Berlin,Heidelberg,2002: 196-203.

[19] Yamamoto K,Ishii M,Noborisaka H,et al. Stand alone wearable power assisting suit-sensing and control systems[C]//Robot and Human Interactive Communication,2004. ROMAN 2004. 13th IEEE International Workshop on. IEEE,2004: 661-666.

[20] Yoshimitsu T,Yamamoto K. Development of a power assist suit for nursing work[C]//SICE 2004 Annual Conference. IEEE,2004,1: 577-580.

[21] Kim Y S,Lee J,Lee S,et al. A force reflected exoskeleton-type masterarm for human-robot interaction[J]. IEEE Transactions on Systems,Man,and Cybernetics-Part A: Systems and Humans,2005,35(2): 198-212.

[22] Kim W,Lee S,Lee H,et al. Development of the heavy load transferring task oriented exoskeleton adapted by lower extremity using qausi-active joints[C]//ICCAS-SICE,2009. IEEE,2009: 1353-1358.

[23] Kong K,Bae J,Tomizuka M. Control of rotary series elastic actuator for ideal force-mode actuation in human-robot interaction applications[J]. IEEE/ASME transactions on mechatronics, 2009,14(1): 105-118.

[24] Kong K,Tomizuka M. A gait monitoring system based on air pressure sensors embedded in a shoe[J]. IEEE/ASME Transactions on mechatronics,2009,14(3): 358-370.

[25] Kong K,Tomizuka M. Control of exoskeletons inspired by fictitious gain in human model[J]. IEEE/ASME Transactions on Mechatronics,2009,14(6): 689-698.

[26] Liu X,Low K H. Development and preliminary study of the NTU lower extremity exoskeleton [C]//Cybernetics and Intelligent Systems,2004 IEEE Conference on. IEEE,2004,2: 1243-1247.

[27] Liu X,Low K H,Yu H Y. Development of a lower extremity exoskeleton for human performance enhancement[C]//Intelligent Robots and Systems,2004.(IROS 2004). Proceedings. 2004 IEEE/ RSJ International Conference on. IEEE,2004,4: 3889-3894.

[28] Low K H,Liu X,Goh C H,et al. Locomotive control of a wearable lower exoskeleton for walking enhancement[J]. Journal of Vibration and Control,2006,12(12)：1311-1336.

[29] Low K H,Liu X,Yu H Y,et al. Development of a lower extremity exoskeleton-preliminary study for dynamic walking[C]//Control,Automation,Robotics and Vision Conference,2004. ICARCV 2004 8th. IEEE,2004,3：2088-2093.

[30] RanitMishori. A Human Exoskeleton[N]. Washington Post. 2008-5-6.

[31] 牛彬. 可穿戴式的下肢步行外骨骼控制机理研究与实现[D]. 杭州：浙江大学,2006.

[32] 刘志娟. 多自由度下肢外骨骼控制系统研究[D].杭州：浙江大学,2011.

[33] 陈峰. 可穿戴型助力机器人技术研究[D]. 合肥：中国科学技术大学,2007.

[34] 姚俊章. 助力机器人传感器信号倍频算法与髋关节并联机构控制系统研究[D]. 合肥：中国科学技术大学,2011.

[35] 田双太. 一种可穿戴机器人的多传感器感知系统研究[D]. 合肥：中国科学技术大学,2011.

[36] 吴青聪. 上肢康复外骨骼机器人的模糊滑模导纳控制[J]. 机器人,2018,40(4)：457-465.

[37] 卢军. 助力外骨骼机器人随动控制算法设计与实现[D]. 成都：电子科技大学,2016.

[38] 张志明. 下肢外骨骼人机交互信息感知与协调运动控制的研究[D]. 哈尔滨：哈尔滨工业大学,2016.

[39] 黄如训,苏镇培. 脑卒中[M]. 北京：人民卫生出版社,2001.

[40] 宋军,陈可冀. 提高中西医结合治疗脑血管病疗效的途径与方法刍议[J]. 中国中西医结合杂志,1994. 14(6)：367-369.

[41] 纪钢. 第二次全国残疾人抽样调查主要数据公报（第二号）[R]. 北京：中国残疾人,2007,6.

[42] 苏镇培. 用全面和发展的观点看待出血与缺血性中风[J]. 中国神经精神疾病杂志,1988. 14(4)：193-193.

[43] 吴丽钏. 中风病人跌倒原因分析及对策[J]. 中国护理管理,2010. 10(7).

[44] 解婧. 脑卒中早期康复治疗与肢体运动功能的恢复[D].太原：山西医科大学,2009.

[45] 秦燕. 脑卒中瘫痪患者健、患侧输液对肢体运动功能恢复的影响[J]. 中国临床康复,2003. 7(13)：1993-1993.

[46] 吴秀英,孙瑞霞,李长贵. 脑卒中早期康复治疗研究进展[J]. 齐鲁医学杂志,2005. 20(4)：371-374.

[47] Godler I,Sonoda T. Performance evaluation of twisted strings driven robotic finger in Ubiquitous Robots and Ambient Intelligence (URAI)[C],2011 8th International Conference on：542-547.

[48] Guzek,James J. Mini Twist：A Study of Long-Range Linear Drive by String Twisting. Journal of mechanisms and robotics[J],American Society of Mechanical Engineers,2012. 4(1)：014501.

［49］ Palli G，Natale C，May C，MelchiorriC，Wurtz T. Modeling and control of the twisted string actuation system. Mechatronics［J］. IEEE/ASME Transactions on 2012. 18(2)：664 - 673.

［50］ Wuertz T，May C，Holz B，et al. The twisted string actuation system：Modeling and control［C］. IEEE/ASME International Conference on Advanced Intelligent Mechatronics（AIM）：1215-1220，2010.

［51］ 陈勇，关天民，袁艳丽，等. 生机电一体化在康复工程中的关键技术［EB/OL］. 中国科技论文在线［2011-12-12］.http：//www.paper.edu.cn/releasepaper/content/201112-281.

［52］ Krebs H I，Hogan N，Volpe B T，Aisen M L，Edelstein L，Diels L. Robot-aided Neuro-rehabilitation in Stroke：Three Year follow-up［J］. Proceedings of ICORR1999. 34-41,1999.

［53］ Loureiro RC V，Harwin W S，Nagai K，et al. Advances in upper limb stroke rehabilitation：a technology push［J］. Medical &. Biological Engineering，2011,49(10)：1103-1118.

［54］ Lum P S，Burgar C G，Loos M V D，et al. MIME robotic device for upper-limb neurorehabilitation in subacute stroke subjects：A follow-up study［J］. Journal of Rehabilitation Research &. Development，2006,43(5)：631-642.

［55］ 蔡自兴. 机器人学［M］. 北京：清华大学出版社，2000.

［56］ 胡宇川，季林红. 从医学角度探讨偏瘫上肢康复训练机器人的设计［J］. 中国临床康复，2005. 8(34)：7754-7756.

［57］ 杨启志，曹电锋，赵金海，上肢康复机器人研究现状的分析［J］. 机器人，2013. 35(5)：630-640.

［58］ Niku S B. Introduction to robotics：analysis，systems，applications［M］. New Jersey：Prentice-Hall，2001.

［59］ Carignan C，M Liszka，S Roderick. Design of an arm exoskeleton with scapula motion for shoulder rehabilitation［C］. International Conference on Advanced Robotics. ICAR'05. Proceedings，IEEE. 524-531,2005.

［60］ Gopura R，Kiguchi K，Bandara D. A brief review on upper extremity robotic exoskeleton systems［C］. Industrial and Information Systems（ICIIS），2011 6th IEEE International Conference on，2011,346-351. 2011.

［61］ Papadopoulos E，Patsianis G. Design of an Exoskeleton Mechanism for the Shoulder Joint［J］. Proc.Twelfth World Congr. in Mechanism and Machine Sci：1-6,2007. Besancon，France.

［62］ Rosen J，Perry J C. Upper limb powered exoskeleton［J］. International Journal of Humanoid Robotics，World Scientific，2007. 4(3)：529-548.

［63］ Yang C J，Zhang J F，Chen Y，et al. A Review of exoskeleton-type systems and their key technologies［J］. ARCHIVE Proceedings of the Institution of Mechanical Engineers Part C Journal of Mechanical Engineering Science 1989-1996（vols 203-210）,2008,222(8)：1599-1612.

[64] 杨智勇,张静,归丽华,等. 外骨骼机器人控制方法综述[J]. 海军航空工程学院学报,2009,24(5)：520-526.

[65] Ruthenberg B J,Wasylewski N A,Beard J E. An experimental device for investigating the force and power requirements of a powered gait orthosis[J]. Journal of rehabilitation research and development,1997,34：203-214.

[66] Huo W,Mohammed S,Amirat Y,et al. Active Impedance Control of a lower limb exoskeleton to assist sit-to-stand movement[C]//IEEE International Conference on Robotics and Automation. IEEE,2016：3530-3536.

[67] 龙亿,杜志江,王伟东. 基于人体运动意图卡尔曼预测的外骨骼机器人控制及实验[J]. 机器人,2015,37(3)：304-309.

[68] 丁峰,韩云鹏,顾承超,等. 基于灰色理论的人体步态预测[J]. 计算机应用与软件,2017,34(10)：223-226.

[69] Shisheie R,Jiang L,Banta L E,et al. Design and fabrication of an assistive device for arm rehabilitation using twisted string system[C]//IEEE International Conference on Automation Science & Engineering. IEEE,2013.

[70] Jiang L,Shisheie R,Cheng M H,et al. Moving trajectories and controller synthesis for an assistive device for arm rehabilitation[C]. Automation Science and Engineering（CASE）,2013 IEEE International Conference on. 2013. IEEE.

[71] Martini F,Timmons M,Tallitsch R. Human Anatomy[M]. New Jersey：Pearson Education,2003

[72] Peindl RD,Engin A E. On the biomechanics of human shoulder complex—II. Passive resistive properties beyond the shoulder complex sinus[J]. Journal of biomechanics,1987. 20(2)：119-134.

[73] 韩光耀,周国政. 人体上肢外骨骼仿生结构及动作特征分析[J]. 电子制作,2013(24).

[74] Wu G. ISB recommendation on definitions of joint coordinate systems of various joints for the reporting of human joint motion—Part II：shoulder, elbow, wrist and hand[J]. Journal of biomechanics,2005. 38(5)：981-992.

[75] Gopura R,Kiguchi K,Bandara D. A brief review on upper extremity robotic exoskeleton systems [C]. in Industrial and Information Systems（ICIIS）,2011 6th IEEE International Conference on. 2011. IEEE.

[76] 张绪树,史俊芳. 人体上肢两刚体系统动力学方程的数值求解[J]. 华北工学院学报,2003, 24(1)：54-57.

[77] 罗磊. 并联机构动力学建模和控制方法分析[J]. 上海交通大学学报,2005. 39(1)：75-78.

［78］ 马秉衡，戎诚兴. 人机学［M］. 北京：冶金工业出版社，1990.

［79］ Drillis R，Contini R，Bluestein M. Body segment parameters［J］. Artificial limbs，1964. 8(1)：44-66.

［80］ 杨年峰. 人体运动协调规律及其参数化描述［D］. 北京：清华大学，2001.

［81］ 刘洁珍，黄雪萍，侯之启. 经皮微创锁定加压钢板治疗 30 例肱骨近端骨折的肩关节功能锻炼［J］. 中华护理杂志，2006. 41(9)：794-795.

［82］ Milenkovic V. Non-singular industrial robot wrist［P］. Google Patents，1990.

［83］ 孙中圣，袁昌荣，李小宁. 基于气动肌肉的双向力反馈数据手套［EB/OL］. 中国科技论文在线［2011-09-20］. http：//www.paper.edu.cn/releasepaper/content/201109-256.

［84］ Falb PL，Wolovich W. Decoupling in the design and synthesis of multivariable control systems［J］. Automatic Control，IEEE Transactions on，1967. 12(6)：651-659.

［85］ 孟英红，齐婉玉，段学锋. 用 L297，L298 组成步进电机驱动电路［J］. 仪器仪表学报，2003(z2)：573-574.

［86］ Ljung L. System Identification［M］. Berlin：Springer，1998.

［87］ Ljung L. System Identification Toolbox for Use with MATLAB［J］. math works，2011.

［88］ Liu HH，Sun D. Uniform synchronization in multi-axis motion control［C］. Proceedings of the American control conference，2005.

［89］ Xiao Y，Zhu K，Choo Liaw H. Generalized synchronization control of multi-axis motion systems［J］. Control engineering practice，2005. 13(7)：809-819.

［90］ Guo Z. Equal-status approach synchronization controller design method based on quantitative feedback theory for dual hydraulic motors driven flight simulators［C］. Computer Design and Applications (ICCDA)，2010 International Conference on. 2010. IEEE.

［91］ Åström KJ，Hägglund T. Automatic tuning of PID controllers［J］. Instrument Society of America，1988.

［92］ Lo K C C. Variable-gain cross-coupling controller for contouring［J］. CIRP Annals-Manufacturing Technology，1991. 40(1)：371-374.

［93］ Feng L，Koren Y，Borenstein. Cross-coupling motion controller for mobile robots［J］. Control Systems，IEEE，1993. 13(6)：35-43.

［94］ Sun D，Shao X，Feng G. A model-free cross-coupled control for position synchronization of multi-axis motions：theory and experiments［J］. Control Systems Technology，IEEE Transactions on，2007. 15(2)：306-314.

［95］ Ogata K. Discrete-time control systems［M］. New Jersey：Prentice-Hall，1995.

[96] Shibata S,Yamamoto T,Jindai M. A synchronous mutual position control for vertical pneumatic servo system[J]. JSME International Journal Series C,2006. 49: 197-204.

[97] Lee Y,S Park,M Lee. PID controller tuning to obtain desired closed loop responses for cascade control systems[J]. Industrial & engineering chemistry research,1998. 37(5): 1859-1865.

[98] AhrensM. CROSS FEEDBACK CONTROL OF A MAGNETIC BEARING SYSTEM Controller Design Considering Gyroscopic Eects[M]. 1996.

[99] Kalman RE,YC Ho,KS Narendra. Controllability of linear dynamical systems[J]. Contributions to differential equations,1963. 1(2): 189-213.

[100] Kalman RE,Contributions to the theory of optimal control[J]. Bol. Soc. Mat. Mexicana,1960. 5(2): 102-119.

[101] Eshtehardiha S,Kiyoumarsi A,Ataei M. Optimizing LQR and pole placement to control buck converter by genetic algorithm [C]. Control, Automation and Systems, 2007. ICCAS'07. International Conference on. 2007. IEEE.

[102] Wongsathan C,Sirima A. Application of GA to design LQR controller for an Inverted Pendulum System[C]. Robotics and Biomimetics,2008. ROBIO 2008. IEEE International Conference on. 2009. IEEE.

[103] Goldberg DE. Genetic algorithms in search,optimization,and machine learning[M]. New Jersey: Addison-Wesley,1989.

[104] Davis L. Handbook of genetic algorithms[J]. Handbook of Gentic Algorithms,1991.

[105] Scokaert PO,JB Rawlings. Constrained linear quadratic regulation[J]. Automatic Control,IEEE Transactions on,1998. 43(8): 1163-1169.

[106] Friedland B. Control system design: an introduction to state-space methods[M]. New York: Courier Dover Publications,2012.

[107] Kara T,Eker I. Nonlinear modeling and identification of a DC motor for bidirectional operation with real time experiments[J]. Energy Conversion and Management,2004. 45(7): 1087-1106.

[108] Tymerski R, et al. Nonlinear modeling of the PWM switch[J]. Power Electronics, IEEE Transactions on,1989. 4(2): 225-233.

[109] Yao B,Al-Majed M,Tomizuka M. High-performance robust motion control of machine tools: an adaptive robust control approach and comparative experiments[J]. Mechatronics,IEEE/ASME Transactions on,1997. 2(2): 63-76.

[110] Yao B. High performance adaptive robust control of nonlinear systems: a general framework and new schemes[J]. Decision and Control, 1997., Proceedings of the 36th IEEE Conference on.

1997. IEEE.

[111] Yao B,Tomizuka M. Adaptive robust control of MIMO nonlinear systems in semi-strict feedback forms[J]. Automatica,2001. 37(9)：1305-1321.

[112] Yao B,Tomizuka M. Adaptive robust control of SISO nonlinear systems in a semi-strict feedback form[J]. Automatica,1997. 33(5)：893-900.

[113] Smaoui M,Brun X,Thomasset D. A study on tracking position control of an electropneumatic system using backstepping design[J]. Control Engineering Practice,2006. 14(8)：923-933.

[114] Smaoui M,Brun X,Thomasset D. Systematic control of an electropneumatic system：integrator backstepping and sliding mode control[J]. Control Systems Technology,IEEE Transactions on, 2006. 14(5)：905-913.

[115] Edwards C,Spurgeon S. Sliding mode control：theory and applications[M]. Boca Raton：CRC Press,1998.

[116] Bartoszewicz A,Patton R J. Sliding mode control[J]. International Journal of Adaptive Control and Signal Processing,2007. 21(8-9)：635-637.

[117] Liapunov AM. Stability of motion[M]. Academic Press New York,1996.

[118] Eckmann JP. Liapunov exponents from time series[J]. Physical Review A,1986. 34(6)：4971-4979.

[119] Bacciotti A,Rosier L.Liapunov functions and stability in control theory[M]. Springer,2006.

[120] Slotine JJE,Li W. Applied nonlinear control[M]. New Jersey：Prentice-Hall,1991.

[121] Min YY,Liu Y G.Barbalat Lemma and its application in analysis of system stability [J]. Journal of Shandong University (engineering science),2007. 1：012.

[122] Pyragas K,et al. Adaptive control of unknown unstable steady states of dynamical systems[J]. Physical Review E,2004. 70(2)：026215.

[123] Debeljković DL. Finite time stability analysis of linear time delay systems：bellman-gronwall approach[C]. in Proc. 1st IFAC Workshop on Linear Time Delay Systems. 1998.

[124] Naik SM,Kumar P,Ydstie B E. Robust continuous-time adaptive control by parameter projection [J].Automatic Control,IEEE Transactions on,1992. 37(2)：182-197.

[125] Zhao X M,Guo Q D. Zero Phase Adaptive Robust Cross Coupling Control for NC Machine Multiple Linked Servo Motor[J].Proceedings of the Chinese Society of Electrical Engineering, 2008. 28(12)：129.

[126] ChiuGC,Yao B. Adaptive robust contour tracking of machine tool feed drive systems—a task coordinate frame approach[C]. American Control Conference,1997. Proceedings of the 1997.

1997. IEEE.

[127] Altintas Y,Erkorkmaz K,Zhu W H. Sliding mode controller design for high speed feed drives [J]. CIRP Annals-Manufacturing Technology,2000. 49(1)：265-270.

[128] Yan MT,Lee M H,Yen P L. Theory and application of a combined self-tuning adaptive control and cross-coupling control in a retrofit milling machine[J]. Mechatronics,2005. 15(2)：193-211.

[129] Shiakolas P,Piyabongkarn D. On the development of a real-time digital control system using xPC-Target and a magnetic levitation device[C]. Decision and Control,2001. Proceedings of the 40th IEEE Conference on. 2001. IEEE.

[130] D'Ausilio A. Arduino：A low-cost multipurpose lab equipment[J]. Behavior research methods, 2012. 44(2)：305-313.

[131] ARDUINO UNO,Front A U. Arduino UNO Board. 2012.

[132] 王向文. 多单片机并行分布式仿真系统的研究[D]. 大连：大连海事大学,2010.

[133] Semiconductors P. The I2C-bus specification. Philips Semiconductors,2000. 9397(750)：00954.

[134] Kurniawan A. Getting Started with Matlab Simulink and Arduino. 2013：PE Press.

[135] Alexiadis DS. Evaluating a dancer's performance using kinect-based skeleton tracking[C]. in Proceedings of the 19th ACM international conference on Multimedia. 2011. ACM.

[136] Smisek J,Jancosek M,Pajdla T. 3D with Kinect,in Consumer Depth Cameras for Computer Vision[M]. Berlin：Springer,2013：3-25.

[137] Machida E. Human motion tracking of mobile robot with Kinect 3D sensor[C]. SICE Annual Conference (SICE),2012 Proceedings of. 2012. IEEE.

[138] 邓自立. 卡尔曼滤波与维纳滤波[M]. 哈尔滨：哈尔滨工业大学出版社,2001.

[139] 席文明,罗翔. 基于约束卡尔曼滤波器预测的视觉跟踪研究[J]. 南京航空航天大学学报,2002. 34(6)：540-543.

[140] Frati V,Prattichizzo D. Using Kinect for hand tracking and rendering in wearable haptics[C]. World Haptics Conference (WHC),2011 IEEE.

[141] Li J,Shen B,Chew C M,et al. Novel functional task-based gait assistance control of lower extremity assistive device for level walking[J]. IEEE Transactions on Industrial Electronics, 2016,63(2)：1096-1106.

[142] Rumelhart DE,Hinton GE,Williams RJ. Learning representations by back-propagating errors. Nature,1986,323(6088)：533-536.

[143] Graves A. Long Short-Term Memory[M]//Supervised Sequence Labelling with Recurrent Neural Networks. Berlin and Heidelberg：Springer,2012：37-45.

［144］ 陈峰. 可穿戴型助力机器人技术研究［D］. 合肥：中国科学技术大学，2007.

［145］ Klaus Greff，Rupesh K Srivastava，Jan Koutník，et al. LSTM：A Search Space Odyssey［J］. IEEE Transactions on Neural Networks & Learning Systems，2015，28(10)：2222-2232.

［146］ Srivastava N，Hinton G，Krizhevsky A，et al. Dropout：a simple way to prevent neural networks from overfitting［J］. The Journal of Machine Learning Research，2014，15(1)：1929-1958.

［147］ Duchi J，Hazan E，Singer Y. Adaptive subgradient methods for online learning and stochastic optimization［J］. Journal of Machine Learning Research，2011，12(Jul)：2121-2159.

［148］ Tieleman T，Hinton G. Lecture 6.5-rmsprop：Divide the gradient by a running average of its recent magnitude［J］. COURSERA：Neural networks for machine learning，2012，4(2)：26-31.

［149］ Kinga D，Ba J. Adam：A method for stochastic optimization［C］//International Conference on Learning Representations (ICLR). 2015，5.